緊急出版

福島の原発事故はまだ終わっていない。ますます高まる危険度。

回避できるのに、なぜしないのか?

差し迫る、

福島原発1号機の倒壊と日本滅亡

元三菱重工 主席技師

森重 晴雄

Morishige Haruo

せせらぎ出版

はじめに

本書は、書名に「日本滅亡」という過激な言葉を使っています。これは比喩ではなく、福島第一原子力発電所の１号機は、日本全土に人が住めなくなるほどの放射能汚染を引き起こす恐れのある深刻な問題を抱えています。しかし、いたずらに恐怖を煽ることが本書の目的ではありません。回避できる方法があるからです。

この深刻な事態を一刻も早く多くの方に知っていただきたく、詳細は本文に任せるとして、最初に結論めいた話をいたします。

福島第一の１号機は、核燃料が溶け落ちたため、その高温によってペデスタル（土台の部分）の基礎のコンクリートが溶けてなくなり、鉄筋がむき出しになっています。さらに、むき出しになった鉄筋もすべて切れていると推定できます。そのため、300ガル（震度６強）の地震で１号機が倒壊する恐れがあります。

私は若いころ、鹿島建設と共同で原子炉の耐震研究を行ったことがあります。そのときの研究対象が、偶然にも福島第一原子力発電所の１号機でした。ですので、構造や耐震性はよく知っています。その私が理論的に計算して出した結論が、震度６強相当の地震で１号機が倒壊する恐れがあるということです。

日本気象協会のサイト情報によると、2018年〜2022年の４年間で、震度６強以上の地震は各地で５回発生しています。年平均１回は発生していることになりますので、さほどレアケースではありません。実際、2021年と2022年だけでも200ガルを超えた地震が、福島第一原子力発電所を襲っています。

１号機が倒れる場合、より損傷の激しい方向に倒れることは、ほぼ間違いありません。その倒れる先に、380体の使用済燃料を保管しているプールがあります（使用前の新燃料12体を合わせると392体）。１号機は約900トンの重さがあると推定できますが、それだけの重量物が使用済燃料プールにぶつかれば、亀裂が入るなど大きな損傷が生じるでしょう。

使用済の核燃料は、核分裂物質が残っていますので、冷却しなければ核分裂反応が再開してしまいます。そこで水を張ったプールのようなところに沈めて、崩壊熱が沈静化するまで保管しなければなりません。これが使用済燃料プールです。

使用済燃料プールに亀裂が入ると、プールの水が抜けて380体の使用済燃料は冷却できなくなり、それが溶け出して大量の放射性ダストが飛散します。福島第一原子力発電所の敷地内にいた人は全身の神経が麻痺して即死に近い状況となり、半径80kmのエリアには人は近づけません。2011年３月の東日本大震災のときを超える大事故になります。

そうなると、もはや１号機だけでなく、福島第一原子力発電所内の２

号機から６号機のすべてが人の手で管理できなくなります。トラブルが生じても対応できなくなり、暴走し始めます。それどころか、11kmほどしか離れていない福島第二原子力発電所にも人が入れなくなり、やはり使用済燃料を管理できなくなります。

福島第一と第二に保管されている使用済燃料の量は合わせて3,000トン。広島に落とされた原爆の150,000倍の量です。これが放置されると、莫大な放射性物質を発生させ、首都圏から東日本にかけて全滅します。

これだけでも未曽有の大惨事ですが、話はこれで終わりません。人が近づけないエリアは、北に向かっては宮城県の女川原発にまで広がり、さらに青森県六ヶ所村の再処理工場、北海道の泊原発も飲み込んでいきます。また、西に向かっては新潟県の柏崎刈羽原発や静岡県の浜岡原発、さらに西の若狭湾岸の原発銀座や島根原発、続いて愛媛県の伊方原発や鹿児島県の川内原発を巻き込んでいきますので、西日本や九州も無事ではありません。

福島第一の１号機の倒壊がきっかけとなって、全国の原発がドミノ倒しのように制御不能となり、日本全土は高濃度の放射性物質に覆われた廃土と化します。

日本に住む多くの人がおそらく１年以内に命を落とし、海外に逃れた人たちも難民となるでしょう。ごく一部の富裕層だけは、海外に住まいを確保できるかもしれませんが、遠くない将来、地球全域が放射能に汚染されることになるはずです。

決してSF映画の話ではありません。このまま手をこまねいていれば、かなりの確率で起こりうる現実です。本文を読めば、そのことをご理解いただけるはずです。

しかし、回避する方法はあります。福島第一の１号機を補強して、震度６強の地震でも倒壊しないようにすればいいのです。その具体的な方法についても、本文に記述しています。

私は一刻の猶予もないと考え、2023年５月６日に西村康稔経済産業大臣に、福島第一の１号機が倒壊の恐れがあることと、それを防ぐための工法を提言しました。しかし、西村大臣は、それは東京電力の問題だとして、取り合ってくれませんでした。2023年５月10日には、立憲民主党の川田龍平参議院議員が国会で取り上げ、岸田文雄総理大臣に質問していただきましたが、岸田総理の回答は放射線量が高すぎて工事はできないとのことでした。そんなことはありません。私の考えた工法は、福島第一の現在の作業環境で行うことが可能です。何を根拠に「放射線量が高すぎて工事はできない」と言うのでしょうか。

政府はまったく腰を上げません。2023年７月と９月、私は原子力規制庁にこの問題を話す機会が与えられました。しかし、これもいまのところ目に見える進展はありません。これだけ大きな問題にもかかわらず、大手マスコミも取り上げません。

そこで私は、なんとか一人でも多くの人に知っていただきたいと、本書を執筆・出版することにしました。このまま何も手を打たなければ、未来ある子どもたち、結婚を控えた幸せなカップル、毎日仕事に精を出す働き盛りの人たち、余生を満喫している高齢者など、すべての方々の暮らしは塗炭の苦しみに変わります。政治的な立場などまったく関係のない、日本に暮らす皆さんすべての問題なのです。

本書は、福島第一の１号機の深刻な問題とその対策を記述しています。あまり公式に語られることのない内容ですので、ぜひ最後までお読みいただき、日本に居住する皆さんの暮らしと日本の国土を守るために、できるところから政府や行政、あるいは、与党・野党を問わず、国会議員や地方議員、マスコミなどに働きかけていただければ幸いです。

2023年10月

森重晴雄

目次

第2章　1号機の倒壊を防ぐ方法

第1章

福島第一の1号機の深刻な状況

福島第一の１号機の構造を簡単に説明すると

2022年６月20日、東京電力は原子炉圧力容器を支えるペデスタル開口部付近の写真を公開しました（写真１）。私はこの写真を見て衝撃を受けました。本来、鉄筋を覆っているコンクリートがなくなり、鉄筋がむき出しになっています。これでは原子炉圧力容器を支え切れないのではないか。いつ崩れてもおかしくないのではないか。私は、そのように危惧したのです。

写真1　事故後のペデスタル開口部付近
（出典：東京電力ホールディングス）

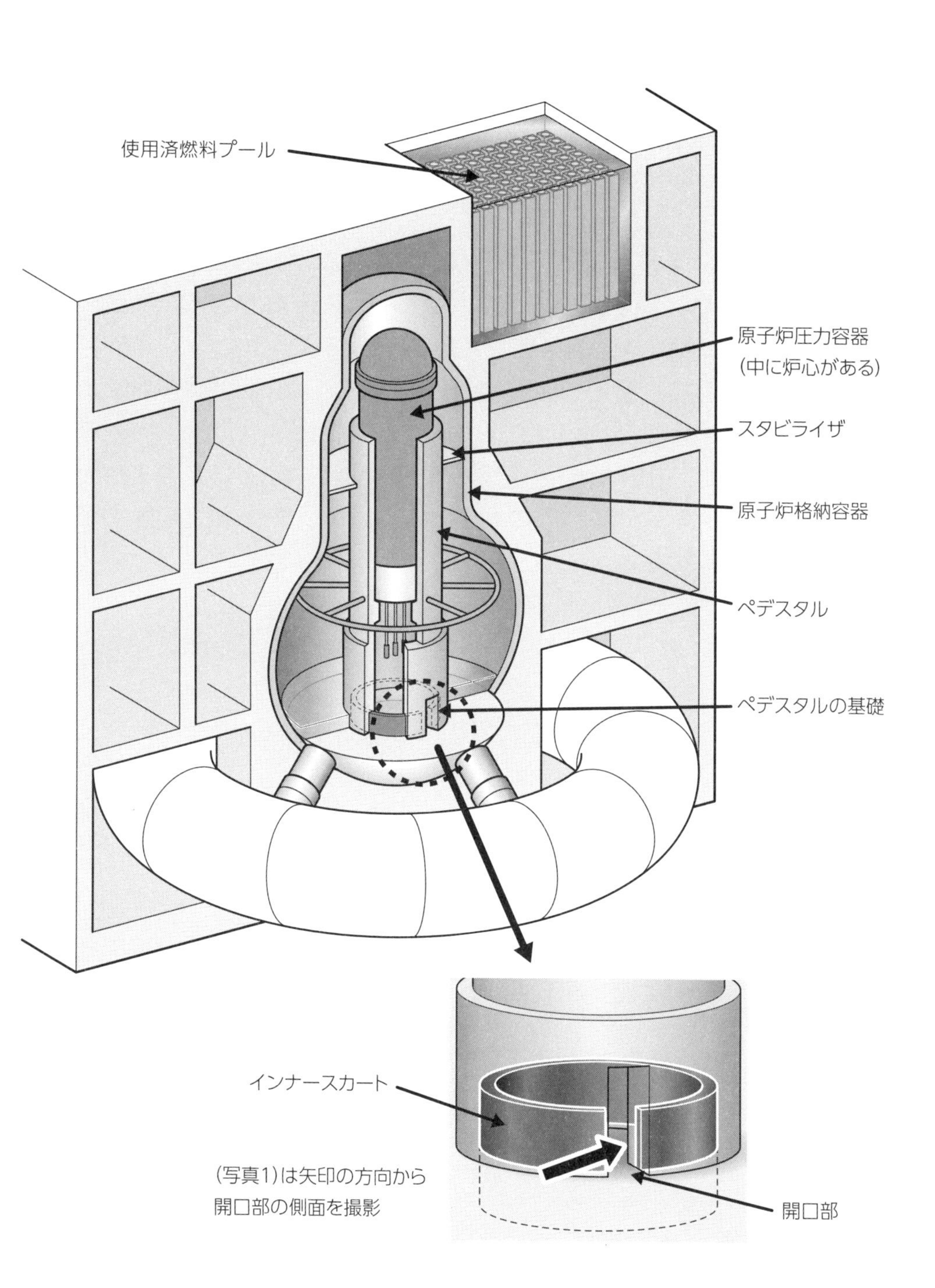

図1　福島第一原子力発電所１号機の構造

原子力発電の構造に詳しくない方のために、簡単な構造説明から始めましょう。

（図１）と（図２）は、それぞれ福島第一の１号機の構造図と断面図です。中央に位置する原子炉圧力容器は、原子炉の炉心を納めた容器です。炉心では、核燃料が核分裂を起こし高温を発生させていますので、原子炉圧力容器は高温・高圧への耐久性が高く、また、放射性物質や放射線が炉外に漏れないように堅牢にできています。

原子炉圧力容器をしっかり固定して支えているのが、ペデスタルと呼ばれる、内径５ｍの円筒状の土台です。つまり、原子炉圧力容器は円筒状のペデスタルの上に載り、頑強に固定されています。

ペデスタルの基礎には、（図3）に示すように芯の部分に鉄骨のインナースカートがリング状に通っています。鉄骨の厚さは36mm、フランジ（頂部）は幅150mm・厚さ40mm、リングの直径は6.2mです。インナースカートの両側は鉄筋コンクリート構造で固められていて、トータルの厚さは約1.2mあります。

インナースカートは原子炉格納容器に溶接されています。格納容器の底からトップのフランジまでの高さが約3.5m、床からフランジまでの高さは約１ｍです。インナースカートは格納容器に溶接されその下に伸びており、原子炉建屋の基礎にも入り込んでいます。このように、インナースカートは原子炉圧力容器、ペデスタル、および原子炉建屋の基礎を結ぶ、耐震上重要な要（かなめ）となっています。

ペデスタルの基礎には、点検やメンテナンスのために人が中に入れるよう、開口部が１か所設けられています。（写真１）は、その開口部付近の壁を撮影したものです。

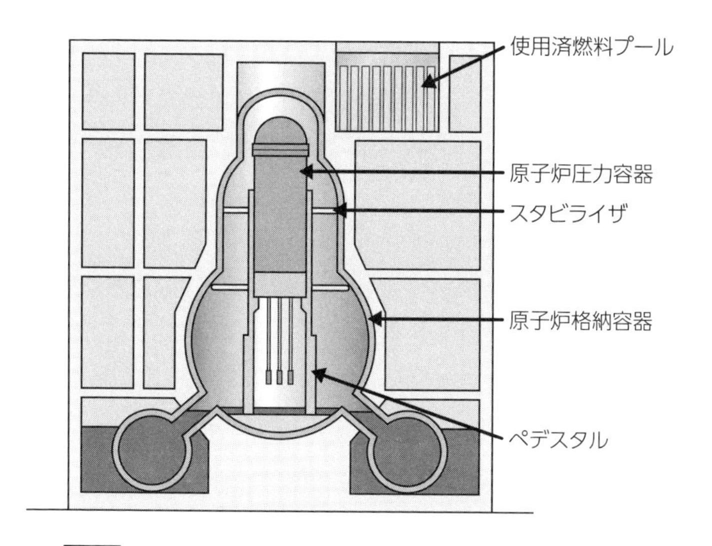

図2　福島第一原子力発電所１号機の断面図

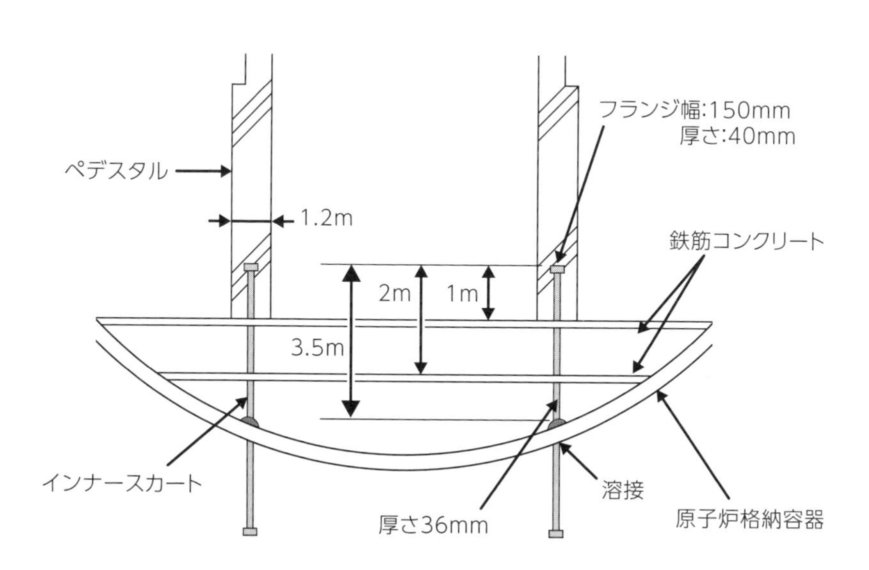

図3　ペデスタルの基礎部分の構造

原子炉圧力容器とペデスタルは、すっぽりと原子炉格納容器に納められており、それがさらに原子炉建屋に納められています。原子炉建屋の上部の一角、原子炉格納容器のすぐ横には、使用済燃料を保管するプールが設けられています。

ご存じの方も多いと思いますが、核燃料は役割を終えて使用済となっても余熱として崩壊熱が残っているため、この崩壊熱を冷却しなければなりません。現在は水を張ったプールのようなところに沈めて、崩壊熱が十分低下するまで保管しています。

原子炉圧力容器のすぐ横に使用済燃料プールを置いているのは、炉心から使用済燃料を取り出して、プールに保管するのに便利だからです。しかし、炉心のすぐ近くに使用済燃料プールを設置するのは、非常にリスクの高い危険な設計です。

１号機の使用済燃料プールには、現在、380体の使用済燃料が保管・冷却されています（使用前の新燃料12体を合わせると392体）。これらの使用済燃料は、本来なら別の離れた場所に移して安全を確保すべきです。実際、３号機と４号機では、すべての使用済燃料をプールから取り出して、別の場所に移行・保管しています。しかし、１号機は水素爆発のはずみで、核燃料を操作する天井クレーンがプールに落ちてしまい、使用済燃料の上にかぶさっているため、容易に取り出せない状況です。

福島第一の事故では、炉心の中の核燃料を冷却できなくなり、溶け落ちたものがいったん原子炉圧力容器の底にたまり、それが2,000℃を超える高熱により原子炉圧力容器の底も溶かして突き破り、ペデスタルの基礎の内側と原子炉格納容器の底部にまで落下していきました。それが燃料デブリとしてたまったままになっています。いわゆる「メルトダウン」が起きたのです。

１号機は、いまどのような状況にあるのか

（写真１）に戻りましょう。これは（図１）の点線で囲んだ開口部を矢印の方向から撮影したものです。ここから深刻な状況がいくつか見て取れます。

まず一目で、コンクリートがなくなり、鉄骨のインナースカートと鉄筋が完全に露出していることがわかります。もともとの姿はコンク

写真1　事故後のペデスタル開口部付近
(出典：東京電力ホールディングス)

リートで覆われているので、鉄骨と鉄筋が見えるはずがありません。1,200℃の高温によってコンクリートが溶けて流出し、1,600℃まで耐熱性のある鉄骨・鉄筋が残ったわけです。鉄骨・鉄筋コンクリート構造の本来の強度が失われていることはいうまでもありません。耐震上重要な要であるインナースカートの機能が損傷したことにより、耐震性は大きく損失しました。

次に中央の縦の鉄筋に注目してください（写真２）。前ページ（写真１）の点線で囲まれた部分を拡大したものです。上部**A**と下部**B**が、同じ鉄筋にもかかわらず明らかな違いがあります。

この鉄筋には均等間隔の節がありますが、上部**A**の節と節の間が、下部**B**に比べて２倍に広がっていることがわかります。これは上部**A**が引っ張られて伸びたことを示唆しています。また、鉄筋の太さも、上部**A**のほうが下部**B**よりも細いことがわかります。これも引っ張られて伸びた証拠です。

では、なぜ縦の鉄筋が伸びたのでしょうか？　それはインナースカートが熱膨張により縦方向に21mm伸びたため、それに追随して鉄筋も引っ張られたからです。この部分の鉄筋は格納容器の底まで約3.5mしかなく、21mmとなると、伸びただけで済まず、鉄筋が切れていると考えられます。実際、（写真２）の上部**A**を見ると、鉄筋の頂部に破断された形跡が見えます。インナースカートが縦に21mmも熱伸びしたのですから、この１本だけが破断されたとは考えられず、ペデスタルの基礎を構成するすべての縦筋が破断されていると推定するのが妥当です。つまり、原子炉圧力容器とペデスタルの基礎から上の部分は固定されず、インナースカートの上に載っかっているだけの状態になっています。

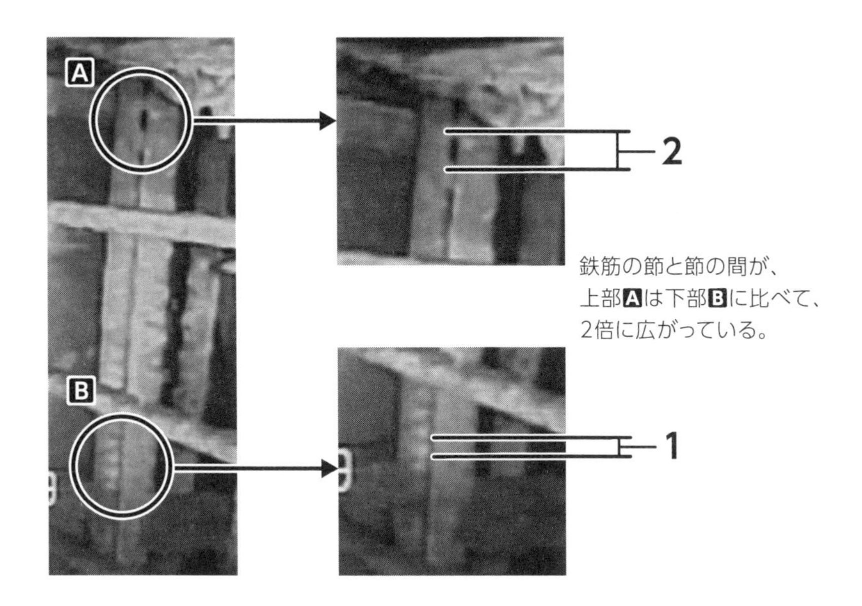

写真2 （写真1）の点線内を拡大
（出典：東京電力ホールディングス）

私は、2022年６月20日に公開された（写真１）を見て、ペデスタルの基礎の内側のコンクリートもすべて溶融しているだろうと推定しました。それもあって、すべての鉄筋が破断していると考えました。その推定があたっていたことは、のちの2023年３月末に新たに撮影された（写真3）で証明されました（p.23）。

さて、ここでインナースカートが熱膨張したとしても、はたして原子炉圧力容器と、ペデスタルの基礎から上の部分を21mmも持ち上げることが可能なのかという疑問が生じるかもしれません。その疑問に対して、理論計算上、縦に21mm膨張することを本書の後ろの注釈「インナースカートの膨張寸法と熱荷重の計算」で証明していますので、疑いをお持ちの方はお読みください（p.67-注１）。さほど難しい計算式ではありませんが、苦手な方は先に進んでいただいてけっこうです。

インナースカートの上に生じた数mmの隙間

原子炉圧力容器とペデスタルの基礎から上の部分が、インナースカートの上に載っかっているだけの不安定な状態であることは、インナースカートの真上のコンクリートに数mmの隙間が生じていることからも説明できます（p.17-写真１）。この隙間がどのようにできたのか、推定してみましょう。

核燃料がメルトダウンした結果、燃料デブリがペデスタル内側の床に落ちていきますが、最初はそれがペデスタルの開口部から外に流出しました。同時に、ペデスタル内側の床には鉄製ポンプなどの機材やグレーチングが大量に設置されており、基礎のコンクリートが溶けてそれらが燃料デブリの上に浮き上がります（図４）。鉄の比重7.8に対して、燃料デブリの比重は10以上あるため、鉄とはいえ浮き上がるのです。そして、開口部まで次々と流されていき、そこでつかえてしまいます。さらに、コンクリートから溶融した粘土、砂、砂利や銅線ケーブルなどが、開口部につかえた機材の隙間を埋めていき、開口部を完全にふさいだものと推定できます。

開口部がふさがれたペデスタルの基礎の内側は、ちょうど鍋のようになり、行き場を失った燃料デブリがたまり始めます（図４）。そして、

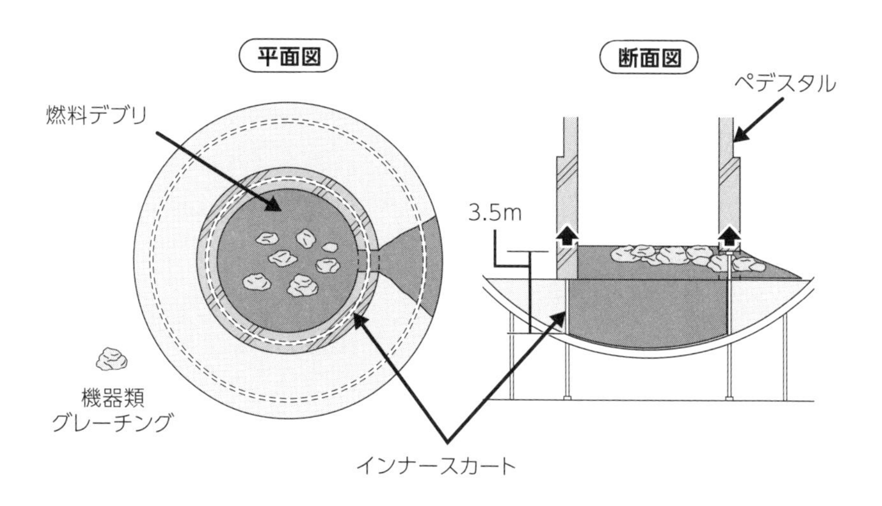

図4 インナースカートが原子炉圧力容器とペデスタルを持ち上げる

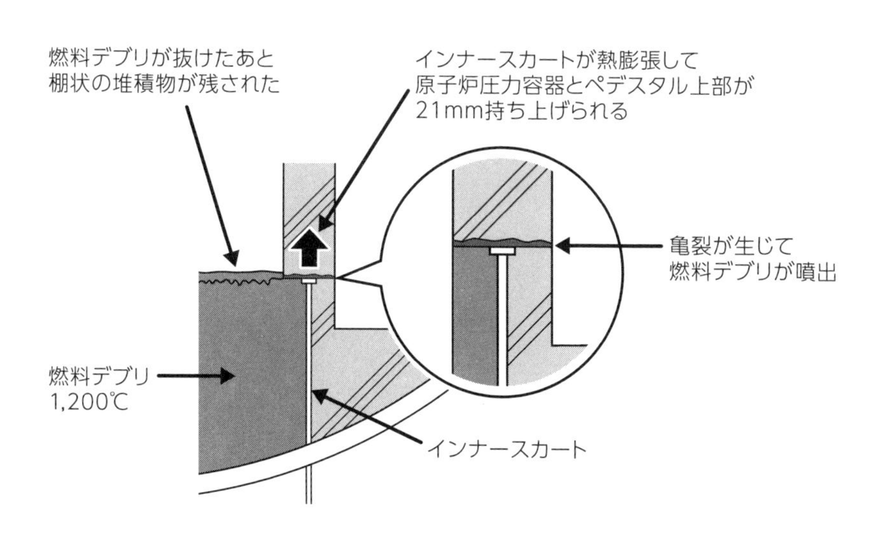

図5 棚状の堆積物の形成と縦筋の破断

床から１ｍの高さのインナースカートを超えたところで異変が起こります。

その頃には、インナースカートが熱膨張して、原子炉圧力容器ごとペデスタル上部を押し上げていますので、インナースカートの真上に接しているコンクリートに水平に亀裂が入り、ペデスタルの外側まで貫通したものと推定できます。その亀裂から、１ｍの高さを超えてあふれた高温で流体化した燃料デブリが外部に一斉に噴出し、亀裂が数mmの隙間として残ったと考えられます（図5）。

すべて溶融していた内側のコンクリート

東京電力は2023年３月末に、ペデスタル内部の損傷を調査し、写真を公開しました。そのうちの１枚が(写真３)です。私が危惧したとおり、ペデスタルの基礎の内側壁面もコンクリートが溶けて鉄筋がむき出しになっていました。

もう１枚、興味深い写真があります。(写真４)をご覧ください。ペデスタルの基礎の内側に棚状に広がる堆積物が確認できます。棚の高さはインナースカートの高さ１ｍにほぼ一致します。

先ほど、インナースカートの真上のコンクリートの亀裂から、高温で流体化した燃料デブリが外部に噴出したと申し上げました。亀裂でできた隙間は数mm程度ですので、この隙間がフィルターの役割を果たし、燃料デブリ内に混入したコンクリート、鉄、銅線ケーブルなどの軽くて大きい物体は、排出されずに燃料デブリの液面上で内側に取り残されました。

上：写真3　ペデスタル内側の壁面

下：写真4　ペデスタルの基礎の内側にできた棚上の堆積物

（出典：東京電力ホールディングス）

燃料デブリの液面位置はかなりの長い時間、インナースカートの高さにあったと考えられるので、これらの軽くて大きい物質が液面に残され、それが冷え固まり、棚状の堆積物を形成したと推定できます。

熱伸びによって、インナースカートの真上のコンクリートに数mmの隙間ができなければ、この棚状の堆積物もできません。そして、数mmの隙間は、縦筋が破断しなければできない寸法です。棚状の堆積物の存在は、インナースカートの真上のコンクリートに亀裂が入り、ペデスタルの縦筋が切れていることの証拠だと言えます。

ペデスタル上部が約50mm沈下

ここで最初の(写真1)にもう一度戻りましょう。(写真1)の右上に、つららのようなものが見て取れる塊があります。先に説明したとおり、ペデスタル内にたまった燃料デブリが、インナースカートの上にできた数mmの隙間から噴出され、その先のコンクリートをいったん溶かしました。それがその後、冷え固まってつららのようになったのです。

燃料デブリはこのとき約1,200℃の液体です。インナースカートのトップの部分から水平に噴出されますので、つららの高さとインナースカートのトップの高さは水平に一致しなければなりません。ところが、つららの位置がインナースカートのトップより少し下がっています。フランジの厚さは40mmですから、その目分量からつららの位置は約50mm低い位置にあります。それはなぜでしょう。

つららのコンクリートは一度溶けています。インナースカートのトップも1,200℃の燃料デブリが通過していますので、インナースカートのトップ部分のコンクリートも一部は溶けたと推定できます。コンクリー

写真1　事故後のペデスタル開口部付近
（出典：東京電力ホールディングス）

トは高温で溶けると成分が抜けてしまうので、強度がゼロになることが実験で確かめられています。

燃料デブリの噴出が収まると、原子炉とペデスタルの全重量がこのインナースカートのトップにかかります。インナースカートのトップのコンクリートは一度溶けていますので強度はゼロです。その部分は押しつぶされ、つららの位置が下がってしまったのです。

（写真１）からこの部分は約50mm沈下したことがわかります。

大きく損傷したペデスタルの耐震性を検証

ここまで見てきたとおり、１号機のペデスタルは本来の耐震機能を失い、地震によって倒壊する恐れがあると推定できます。とくに縦筋がすべて破断していることが致命的です。

ペデスタルの鉄筋は、３本ごとに寄りそうように並んで設置されています（図6）。中央の１本は、ペデスタル上部から原子炉格納容器の底まで達し、原子炉格納容器には溶接されていません。その横に並ぶ残り２本の鉄筋は、折れ曲がって上下の床に差し込まれるL型鉄筋です。地震によって原子炉圧力容器とペデスタルが揺れると、地震力はコンクリートを介して２本のL型鉄筋に伝わり、地震力を床に分散させます。これを壁から床への荷重伝達機構と呼びます。しかし、荷重伝達機構を持つ３本の鉄筋が露出し破断しているため、地震力を床に分散できなくなっています。

私は、コンクリートが溶け落ち、鉄筋が切れた状況で、どの程度の耐震性能が残っているかを検証しました。

地震力はp.28の（図７）のとおり、鉛直荷重（上下の力）、曲げ荷重（倒す力）、水平荷重（水平の力）の３つの成分を持ちます。鉄骨鉄筋コンクリート構造のペデスタルの基礎は本来、この３つの荷重をすべて受け持ちます。さらに、原子炉格納容器の上部に設置されているスタビライザも水平荷重を分担しています（図１）。それが事故によって失われたわけですが、３つの成分をひとつずつ検証していきましょう。

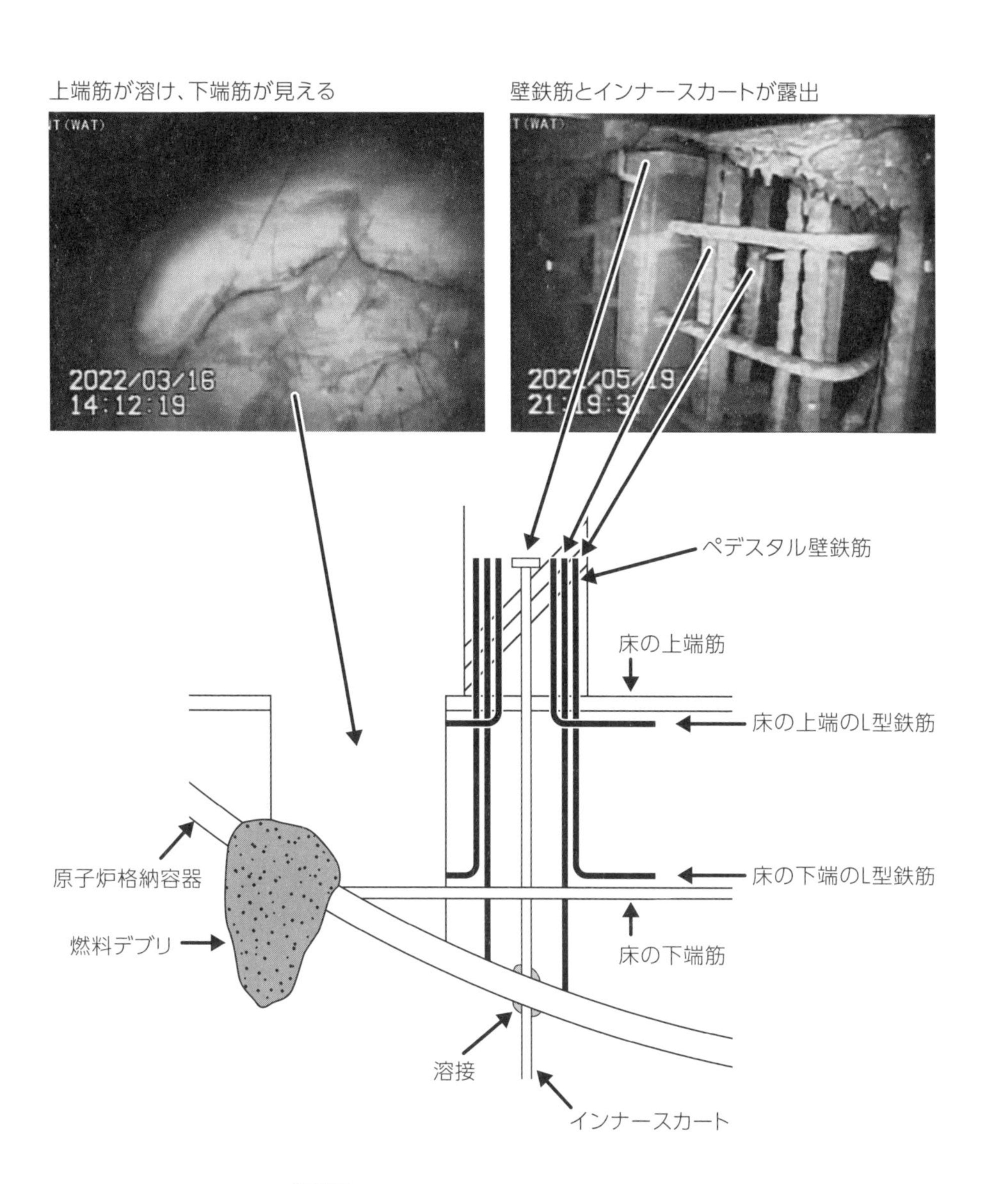

図6　ペデスタル壁と床の溶融範囲想定図
（出典：東京電力ホールディングス）

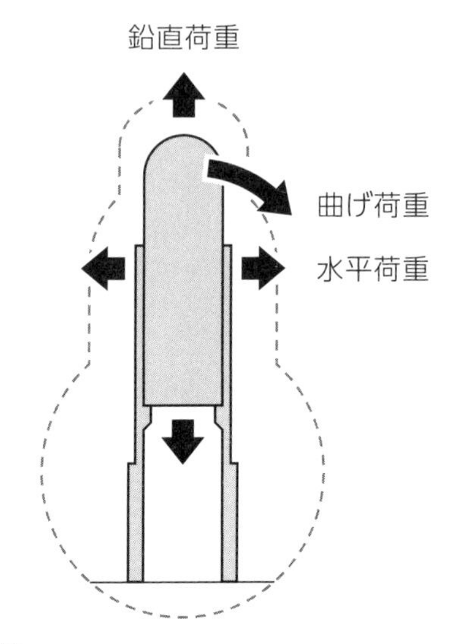

図7　地震によって生じる3つの荷重

まず、鉛直荷重（上下の力）に対する耐震性はどうでしょうか。インナースカートの頂部がペデスタル上部のコンクリートに接しているため（載っかっているだけですが）、ペデスタル上部はインナースカートに支えられています。インナースカートの鋼材はSS600に相当するので、鉛直方向の耐荷重は約17,000トンです（p.69–注２）。

一方、原子炉圧力容器の重量は正常時に約1,000トンありますが、炉心溶融時に原子炉圧力容器からは核燃料が約500トン流出したと仮定して約500トン。ペデスタルが同じく約480トンありますが、基礎部分が切り離された結果、ペデスタル上部だけで約400トン。両者の合計900トンだと推定できます。したがって、17,000トンの耐荷重で十分に支えられます。高さが比較的低いので座屈もせず、鉛直荷重に対する耐震性は機能していると判断できます。

震度６強の地震で転倒の恐れのある理由

問題は、曲げ荷重（倒す力）に対する耐震性です。何度も申し上げてきたとおり、ペデスタルの基礎の縦筋がすべて破断しているため、原子炉圧力容器およびペデスタル上部は、基礎に固定されておらず、インナースカートに載っかっているだけの状態です。それでも転倒しないのは、原子炉圧力容器とペデスタル上部を合わせて900トンの自重があるからです。

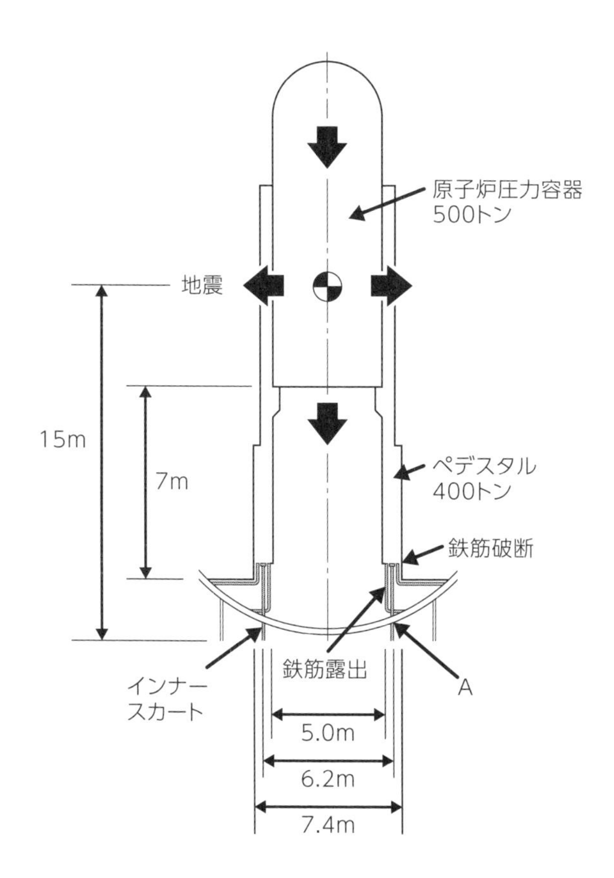

図8　原子炉圧力容器の耐震モデル

通常、原子炉圧力容器の重心の位置は（図８）で示すとおり、ペデスタル内におろされます。重心の位置がペデスタル内にある限り、原子炉圧力容器は安定しています。しかし、曲げ荷重（倒す力）によって、重心の位置がペデステル内から外れると、一気に不安定になって転倒します。どの程度の曲げ荷重がかかれば転倒するのかを計算したところ、343ガルの転倒加速度を受けることで転倒することが算出できました（p.69-注３）。

これは震度６強の地震に該当します。震度６強以上の地震は各地で年平均１回は発生しているので、いつ１号機を襲ってもおかしくありません。いまも１号機は転倒の危機にさらされているのです。

最後に、水平荷重（水平の力）に対する耐震性も検証しましょう。原子炉圧力容器とペデスタル上部は、基礎に固定されていないので、水平に力がかかれば、簡単に横にずれてしまいそうなものです。それを防いでいるのは、鉄製のインナースカート頂部と、その真上のコンクリートの間に働く摩擦力です。この摩擦力によって横移動を防いでいます。

鉄とコンクリートとの間に働く摩擦係数は0.4ですので、自重900トンに摩擦係数0.4を乗じた摩擦力は360トンとなります。この摩擦力360トンが、最大せん断耐力（せん断に対する最大の耐力）です。

東京電力は2023年4月14日に行われた特定原子力施設監視・評価検討会（第107回）で、原子炉圧力容器が落下した場合、30cm 程度沈下する可能性があるとしています。私はその際、床が損傷しているペデスタル開口部付近が沈下すると考えています（p.35で後述）。仮にその付近が30cm程度沈下するとすれば、ペデスタルは内半径2.5mですので、原子炉圧力容器とペデスタル上部に約8分の1の傾きが生じることになります。

そのため、自重900トンに傾き8分の1を乗じたせん断力＝約110トンが水平荷重に加算されます。300ガルの地震では水平荷重が約275トンとなるため※、それに110トンが加算されて、合計385トンのせん断力がインナースカートにかかります。つまり、300ガルの地震が起これば、せん断力385トンが生じ、最大せん断耐力360トンを上回って、原子炉圧力容器とペデスタル上部はインナースカートの上を横滑りする可能性があります（図9）。

※　$900\text{t} \times \dfrac{300}{980} = $ 約275t

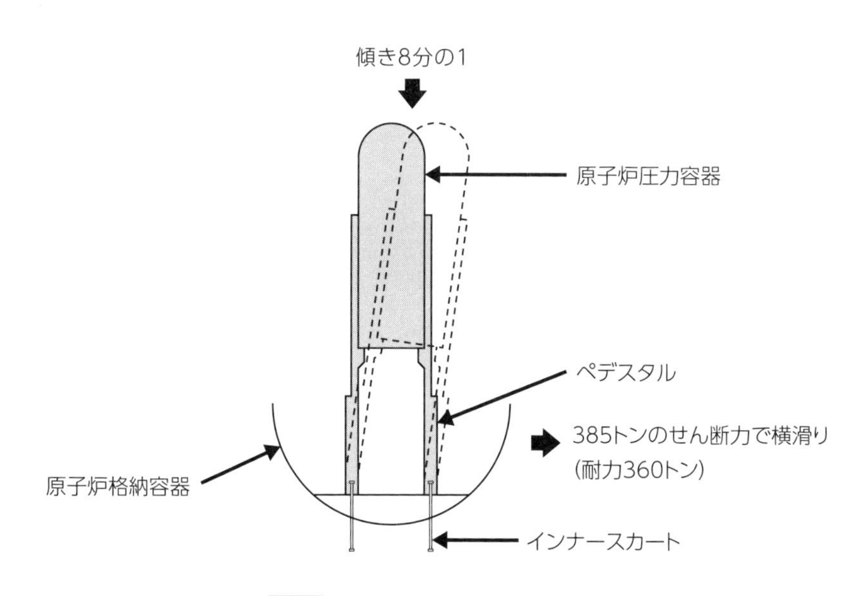

図9　原子炉圧力容器の横滑り

ここまでのところをまとめると、300ガル以上の水平加速度を持つ震度６強の地震が襲来すると、原子炉圧力容器とペデスタル上部はインナースカート頂部を横滑りし、バランスを失ったのちに倒れることになります。

原子炉圧力容器の転倒を周辺構造部材は支え切れない

東京電力は2023年４月14日付の資料で、地震によって水平荷重がかかっても、スタビライザをはじめとする原子炉圧力容器の周辺構造部材に支えられて、転倒には至らないとの結論を出しています。しかし、私は周辺構造部材では支え切れないと判断しています。

まず、スタビライザを見てみましょう。

原子炉圧力容器は、核燃料が融解した際に1,200℃になったと想定されます。そこまで高温になる前に、500℃になった段階で、圧力容器は193,000トンの熱荷重をもって上向きに108mm伸びます。スタビライザと圧力容器とスタビライザの接合部の耐力は最大200トン程度と想定されますので、そこに193,000トンの熱荷重がかかり、いとも簡単に切断されたと推定できます。つまり、スタビライザは圧力容器につながっておらず、転倒を支える機能を完全に失っています。

続いて、その他の周辺構造部材を見てみましょう。（図10）のとおり、原子炉圧力容器の周辺には、バルクヘッド、円筒部ストラクチャ、球殻ストラクチャ上、球殻ストラクチャ下、の４つの周辺構造部材があります。原子炉圧力容器は運転時に熱膨張するため、周辺構造部材との間に

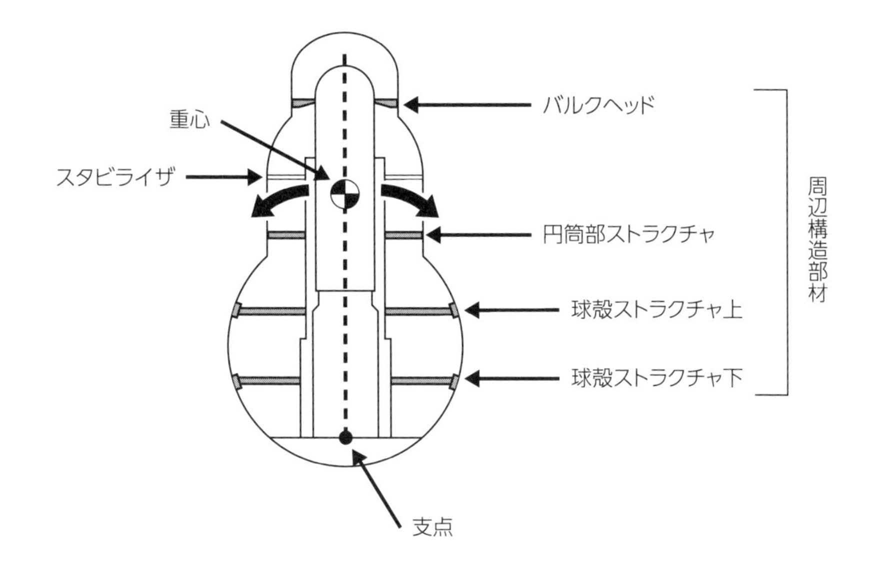

図10　東京電力の転倒対策案
（出典：東京電力ホールディングス）

100mm程度のクリアランス（隙間）が設けられています。東京電力は、原子炉圧力容器が100mm以上振れると、周辺構造部材がそれを支えると結論づけています。

しかし、作業用の足場あるいは計測装置などの架台として使われる周辺構造部材には、通常はSS400に相当する100mmから300mmのH鋼が採用されていて、原子炉圧力容器を支え切れるほど床耐力は高くありません。

日本工業規格JIS G 3101：2015の一般構造用圧延鋼材によると、SS400の耐力は400MPaです。しかし、300ガルの地震によって、原子炉圧力容器とペデスタル上部の合計重量900トンが倒れようとすれば、周辺構造部材には、耐力400MPaの23倍にもなる9,000MPaの応力が働くので、簡単に破壊されてしまいます（p.70-注４）。原子炉圧力容器が転倒した場合、周辺構造部材ではまったく支え切れません。

原子炉圧力容器の転倒を
原子炉格納容器は支え切れない

原子炉圧力容器とペデスタルは、原子炉格納容器の中に納まっています。周辺構造部材が原子炉圧力容器の転倒を支えられなかったとして、その外側にある原子炉格納容器によって支えることができるでしょうか？　結論から申し上げると、原子炉格納容器の材料である鋼材に問題があり、原子炉格納容器でも支え切ることはできません。

原子炉格納容器の鋼材は、国際的な規格であるASTM規格のA201とA212です。強度は高いですが、脆性破壊しやすいという欠点があります。脆性破壊とは、一瞬にして全体に亀裂が走り、ガラスのように砕け散ることです。そのため、1967年にはASTM規格で廃番になりましたが、多くのプラントに採用され、現存しています。

2018年４月26日、米国ウィスコンシン州ハスキー製油所で、この鋼材で造られたタンクに有機ガスが逆流して爆発し、タンク２基が脆性破壊しました。調査によると、約550フィート（約168m）の距離を瞬間的に亀裂が走りました。また、事故後の試験片調査ではA212の脆性遷移温度は22℃の常温でした。

同一の鋼材で造られた福島第一の１号機の原子炉格納容器は事故時に最大、設計圧（0.43MPa）の倍近い0.83MPaがかかりました。その結果、一部は弾性範囲を超えて塑性変形（歪が残ったままの状態）していると考えられます。事故後は、建屋の最上階の外壁パネルが吹き飛んだため、露天に面しており、さび止め塗装もできず、海風にさらされて塩害を受けています。また、原子炉格納容器の最上部の蓋には、コンクリートプラグ約100トンが落ちてきて、いまも載ったままになっています。このように１号機の原子炉格納容器は、脆性破壊したハスキー製油所のタンクより厳しい状態にあり、原子炉圧力容器が転倒して衝突すると、原子炉格納容器は脆性破壊する高い可能性があります。とても転倒を支え切れません。

原子炉圧力容器の転倒方向の検証

ここまで原子炉圧力容器とペデスタル上部の転倒を支え切れないことを解説してきましたが、次に問題となるのは、どの方向に転倒するかです。

東京電力は2022年３月16日にペデスタル外周の床面を調査しています。それによると、原子炉圧力容器の方位角180°から260°付近の床面で高い熱中性子束が観測されています。これは床下に大量に堆積している燃料デブリが発する熱中性子が床を素通りしていることを示唆しています。つまり、方位角180°から260°付近の床が侵食され、（図6）のように床の底にある下端筋が露出しています。（図11）では濃いグレー部分です。

一例として、建設中の東通原子力発電所におけるペデスタルの配筋作業を（写真５）に示しました。この写真のとおり、ペデスタル外周の床は高い密度で配筋され、そのあとコンクリートを打って固められます。

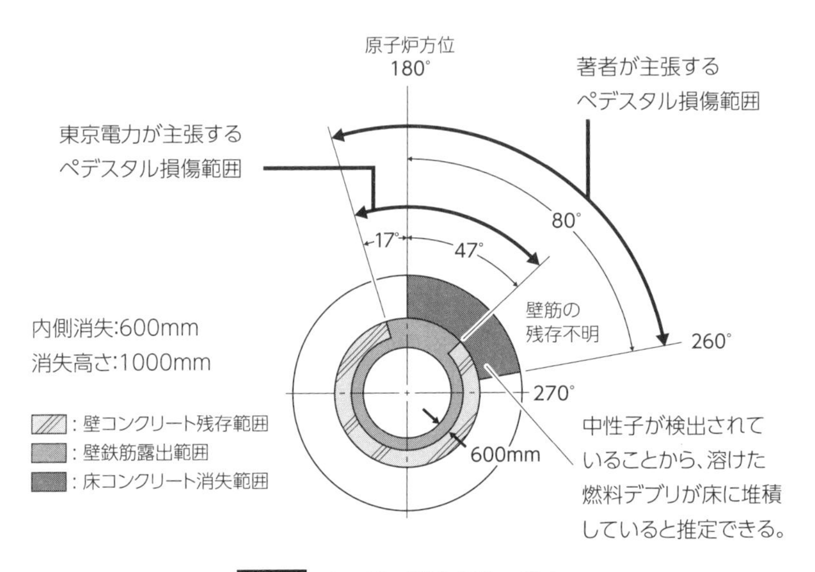

図11 床と壁の消失部分の推定
（東京電力ホールディングスの図に著者が加筆）

写真5 東通原子力発電所におけるペデスタルの配筋作業

ペデスタルは地震時に転倒しないように、こうした広範な床筋に支えられており、床筋を壁の中に挿入することで支持されています。そのコンクリートが侵食されて、鉄筋がむき出しになっているわけです。

さらに、東京電力は2022年５月17日に、ペデスタル外周の壁を調査しています。それによると、原子炉圧力容器の方位角180°から見ると左回り（上限）17°から右回り（下限）47°付近まで、壁の鉄筋が露出していることが確認されています。（図11）の薄いグレーの部分です。

方位角180°から右回りに47°と80°の間は堆積物がペデスタル壁を覆い、鉄筋の露出が明らかではありません。しかし、その周囲の床が下端筋まで露出していることから（図6）、この部分のペデスタル壁も損傷し、鉄筋が露出している可能性を否定できません。

東京電力とIRID（国際廃炉研究開発機構）が2023年４月14日に、特定原子力施設監視・評価検討会（第107回）に報告した『１号機 原子炉格納容器内部調査の状況について』によると、方位角180°から見ると左回り（上限）17°から右回り（下限）47°付近までを合わせた64°をペデスタルの損傷範囲としています。ペデスタルの損傷範囲を壁の損傷だけで評価しているわけです。しかし、耐震評価の視点からは床面の損傷も考慮する必要があります。地震時に曲げ荷重や水平荷重を受けた際には、ペデスタルは床面が欠落した側に傾くことになります。

使用済燃料プールに向かって倒壊する１号機

原子炉圧力容器の転倒方向を検証する際には、ペデスタルの壁の損傷だけでなく、ペデスタルの外周の床の損傷も重要な因子になるため、床と壁を合わせた損傷で検証する必要があります。
　原子炉圧力容器の南側には原子炉格納容器を隔てて、使用済燃料プールがあります。原子炉圧力容器が使用済燃料プール側に転倒した場合には、災害がさらに拡大するリスクが高くなるので、転倒方向を考えることは非常に重要です。ペデスタル周囲の床が欠落するとペデスタルを横から支持できなくなります。その状態で、地震によってペデスタルが曲げ荷重と水平荷重を受けると、ペデスタルは欠落した床面の方向に傾きます。
　私は（図11）で示す、方位角180°から右回りに80°、つまり260°までの範囲で床が脆弱になっており、そちらが転倒方向であると推定しました。つまり、原子炉の最も転倒しやすい方向は、床損傷となる範囲の原子炉方位角180°から260°の中央となる方位角220°の可能性が高いと推定できます。この方向は使用済燃料プールの位置に重複しています（図12）。

　しかも、前述したとおり、床が損傷したペデスタル開口部内側付近で原子炉圧力容器が 30cm 程度沈下する可能性があります。ペデスタルは内半径2.5mですから、約８分の１の傾きが生じます。原子炉圧力容器とペデスタルは高さが約30mありますので、それが８分の１傾くと、原子炉圧力容器の頂部が約3.8m倒れ込みます。圧力容器と原子炉建屋の間には格納容器を隔てて隙間がありますので、圧力容器の頂部が使用済燃料プール側に約3.8m倒れ込むと、原子炉格納容器を脆性破壊したうえで、その外の建屋に打撃を与えると推定できます。
　使用済燃料プールの方向だけは、絶対に避けてほしいところですが、残念ながら、使用済燃料プールに向かって転倒することは、ほぼ間違いありません。

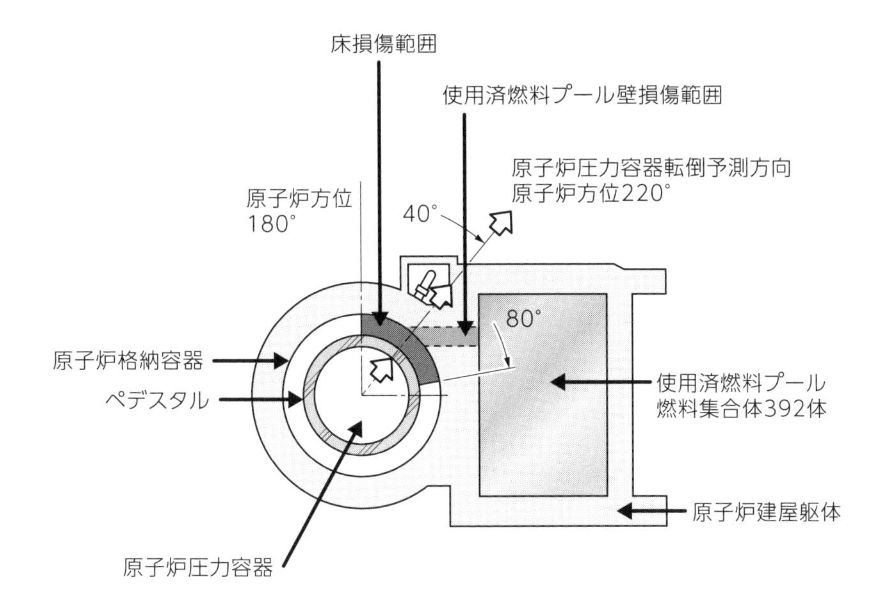

図12　原子炉倒壊の推定方向

使用済燃料プールの損傷により大惨事が発生

ここまでのところを、もう一度、おさらいしておきましょう。

福島第一原子力発電所の１号機は、メルトダウンによって、燃料デブリがペデスタルの基礎の内側にインナースカートの高さまでたまりました。そして、ペデスタルの基礎の内側およびペデスタル開口部付近のコンクリートを溶かして内部の鉄筋を露出させ、鉄骨鉄筋コンクリート構造の本来の耐震性が失われました。この時点では、まだペデスタルの外側の鉄筋は４分の３周だけ有効でした。

さらにむき出しになったインナースカートが燃料デブリによって加熱されて熱伸びし、原子炉圧力容器とペデスタル上部の合計重量1,500トンと鉄筋耐力13,700トンを合わせた15,200トンを大きく上回る熱荷重76,600トンで原子炉圧力容器とペデスタル上部を持ち上げ、縦筋を引っ張った結果、ペデスタルの縦筋はすべて破断していると推定できます（p.67-注1）。

つまり、現在、原子炉圧力容器とペデスタル上部は固定されず、インナースカートに載っかっているだけの状態です。鉛直荷重に対しては、インナースカートで支えられているものの、曲げ荷重に対しては、自重900トンだけで支えられている状態であり、300ガルの水平加速度を受けることで転倒します。また、水平荷重に対しては、鉄製のインナースカートとコンクリートの間の摩擦力360トンだけで、かろうじて支えられている状態です。

IRID（国際廃炉研究開発機構）が地震応答解析から得たペデスタルの基礎に発生するせん断力を引用すると、300ガルの地震が１号機を襲うと、インナースカート上の摩擦力360トンを385トンのせん断力が上まわり、インナースカート上をペデスタル上部が滑落して転倒すると推定できます（p.31）。原子炉圧力容器が転倒すると、ペデスタル開口部付近の欠落した床側に30cm程度沈下し傾きます。その結果、原子炉圧力容器の頂部が使用済燃料プール側に約3.8m傾き、原子炉格納容器に打撃を与えます。打撃の加わった原子炉格納容器は、脆性破壊する可能性が十分に考えられます。

原子炉圧力容器が原子炉格納容器を破壊しながら（まさに倒壊しながら）、原子炉建屋を直撃した場合、建屋の一角を占める使用済燃料プールに加わる衝撃力は25,100kNにもなります。一方、衝突に対する建屋の耐力は1,427kNしかありません（p.71-注5）。衝撃力25,100kNは建屋耐力の約18倍にもなります。原子炉圧力容器が震度6強の地震によって、約300ガルの加速度で転倒した場合、原子炉建屋とその一角を占める使用済燃料プールは破壊されると推定できます。

使用済燃料プールの破壊により冷却水が漏れ、保管されている使用済燃料380体が溶融します。それらは露天に面しているため、環境中に放射性ダストが飛散し、東日本一帯が深刻な放射能汚染にさらされる可能性があります。

仮に、使用済燃料プールが無傷だったとしても、原子炉圧力容器が倒れて、外側の原子炉格納容器が脆性破壊すれば、原子炉格納容器の底にたまっている燃料デブリが露出し、環境中に放射性ダストが飛散するため、同じような深刻な事態を招きます。

そして、「はじめに」でも申し上げたとおり、これが引き金となって全国の原発がドミノ倒しのように制御不能となり、日本全土は高濃度の放射性物質に覆われた廃土と化す可能性もあります。そうなれば、もはや取り返しはつきません。

話がこれで終われば絶望しかありません。しかし、この大惨事を回避する方法はあります。続く第2章では、倒壊を防ぐための工法を解説いたします。

コラム 1 東京電力の技術力不足が生んだ水素爆発

■ 1号機の水素爆発は、東京電力による人災

第1章では、大惨事につながる1号機の倒壊の危険性について述べてきました。でも、回避する方法はあります。それについては、第2章で解説いたしますが、その前に「コラム1」を用意しました。東京電力の技術力の低さを問題にしたものです。

ただし、同社の技術者一人ひとりを批判するのが目的ではありません。事故後の福島第一原子力発電所が抱える深刻な事態は、日本全国から、いや世界中から英知を結集しなければ解決できないほどの難題です。そのためには、日本政府と東京電力は自らの技術力の低さを認め、謙虚な姿勢で多くの専門家の知見を採り入れて、事態に向き合うことが重要です。その思いから「コラム1」を紹介します。

ご存じの方も多いと思いますが、東日本大震災によってメルトダウンした福島第一原子力発電所の1号機、3号機、4号機は水素爆発により原子炉建屋の上半分が吹っ飛びます。その結果、放射性物質が広く拡散されてしまい、被害はより大きくなりました。

この水素爆発は、なぜ起きたのでしょうか？　メルトダウンした以上、避けられない必然的な事故として起こったことでしょうか？

そうではありません。とくに1号機の水素爆発は、技術力の低さというより、東京電力の職員の極めて初歩的なミスで引き起こされました。

東京電力福島原子力発電所事故調査委員会は報告書を出していますが、その中に「1号機は電源復旧直前に水素爆発した」という一文があります。これが東京電力の重大な過失を決定づけています。

電源を復旧する前に、通常は絶縁抵抗計（メガテスター）を使い、漏電がないかどうかをチェックします。うかつにも東京電力の職員が、メガチェックをしたことは間違いありません。絶縁抵抗計は乾電池ひとつで使う計器ですが、たった乾電池ひとつでも電極があれば、小さな火花が散ります。「電極」とはケーブルの接続部のことで、至るところにあります。それが充満していた水素に引火し、大爆発を起こしたのです。「電源復旧直前に水素爆発」という言葉を見れば、私だけでなく、電気工事に携わった人ならきっと気づくはずです。

水素が充満している場所でメガチェックを行うことは、ガス漏れの現場で換気扇を回すようなものです。技術力の低さというより、極めて初歩的なミスです。このミスがなければ、被害はもっと抑えられていたでしょう。

■ ベントしたのに、水素はなぜ充満したか

そもそも、なぜ大量の水素が発生したのでしょうか？

核燃料は、直径1 cm、高さ1 cmの燃料ペレットの集合体です。燃料ペレットは一つひとつがジルコニウム製の被覆管内に納まっています。

福島第一原子力発電所の事故では、地震直後に制御棒が挿入され核分裂は停止しましたが、その後の津波によって非常用電源が喪失し、核燃料から発生する崩壊熱が冷却できなくなりました。そのため、1,200℃以上の高温にさらされたジルコニウムが周囲の水を分解し、水素を大量に発生させたのです。

その水素とダストと水蒸気が原子炉格納容器内に充満して、容器内は一時期、大気圧の7倍ぐらいになりました。容器内がパンパンになっていたわけです。そのまま放置すると、容器が破裂してしまいます。そこで、やむを得ず、水素を抜くためのベントが実施されました。

ベントとは、格納容器の圧力が異常に高まった際に、破損したり破裂したりするのを避けるために、容器内の気体を排気筒から放出することです。このとき放射性物質も一緒に排出されるので、望ましいことではありませんが、大きな事故を回避するための緊急措置です。

では、なぜベントによって格納容器内の水素を排気筒から放出したはずなのに、格納容器外側の原子炉建屋内に水素が充満したのでしょうか？

ベントする気体（以下、ベントガス）はいきなり排気筒にいくのではなく、いったん圧力制御室にいきます（図13）。圧力制御室には約1,750トンの水が蓄えられています。ベントガスを一度この水をくぐらせることで冷却し、ある程度、放射能汚染も除去します。そのあと排気筒に送られます。

先ほど申し上げたとおり、原子炉格納容器内は大気圧の7倍ほどの高圧になっていました。それが排気筒に向かう配管の中で通常の大気圧に戻るために、ベントガスは一気に7倍に膨張しました。

気体は膨張すると温度を下げます。この現象を専門用語で「断熱膨張」といいます。断熱膨張は自然現象にも見られます。空気が山を登ると気圧が下がって膨張するため、気温が下がります。これも断熱膨張です。逆に空気が山から降りると気圧が上昇して圧縮されるため、気温が上がります。これがフェーン現象です。

つまり、圧力制御室の水をくぐったときに17℃ほどに冷やされ

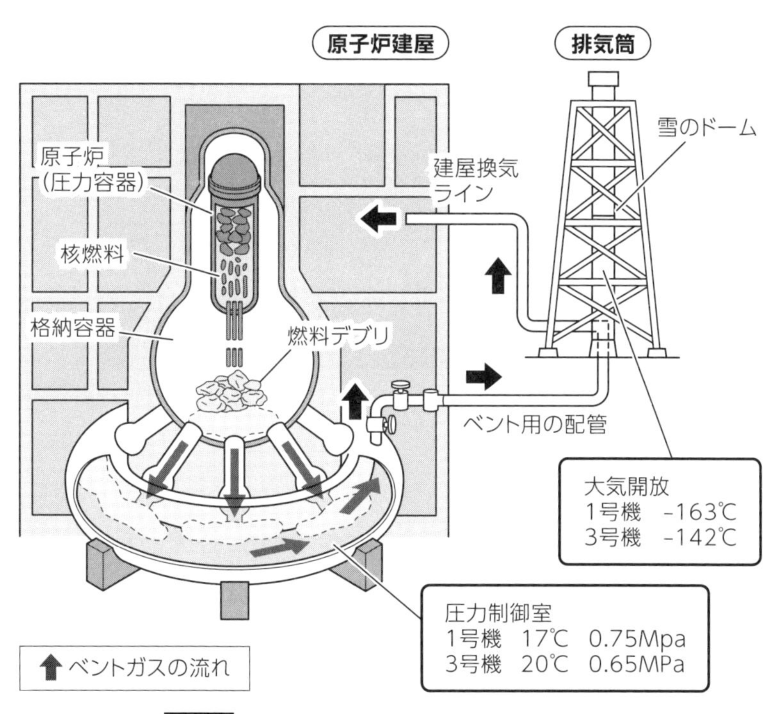

図13 水素を含むベントガスが建屋に逆流

たベントガスは、排気筒を出るときに7倍に膨張し、断熱膨張によって一気に温度を下げました。計算ではマイナス163℃ほどになったと推定できます。水をくぐったベントガスは水蒸気を含んでいたために、水蒸気がマイナス163℃に冷やされて粉雪状になり、それが排気筒内に雪の塊を作って排気筒を完全に詰まらせてしまいました。おそらく、ベント開始から約１時間で排気筒は詰まったものと考えられます。

写真6　ベント中の1号機を上空から撮影
(写真提供：カメラマンの石川梵氏)

（写真6）は、排気筒が詰まる直前のベントの様子を撮影したものです。見てのとおり、中央左寄りの排気筒から白煙が、左方向（北向き）に真横にたなびいています。この写真からも、ベントガスが一気に冷却されたことが証明できます。

この写真が撮影されたのは3月12日の14時ごろです。この時刻に福島県広野町で観測された平均風速は秒速1.8mで、ほぼ無風状態でした。もし、100℃にもなる高温のベントガスが排出されていたなら、煙突の原理によって、120mの高さの排気筒から秒速20m以上の速度で、まっすぐ上に向かって上昇するはずです。それが真横にたなびいているということは、排出されたベントガスの温度が零度以下だったと推定できます。つまり、ベント中の水蒸気が氷となって排出されたのです。写真の白煙は粉雪の集まりなのです。

なお、福島原発の水素爆発の写真は、マスコミやネット上などでよく見かけますが、ベント中にもかかわらず、どの写真も排気筒から気体が排出されていません。一度、そういう目で見てください。このことからも、雪の塊によって排気筒が詰まり、ベントガスが排出されずに原子炉建屋に流れ込んだことがうかがえます。

■ 行き場を失ったベントガスが建屋に逆流

ベントガスが急冷された証拠を別の角度から見てみましょう。次ページの（図14）は2014年４月16日に東京電力が「福島第一原子力発電所１/２号機排気筒の部材損傷に対する原因分析について」という資料に載っている高さ120mの排気筒の解析モデル図です。「１/２号機排気筒」となっているのは、この１基の排気筒を１号機と２号機で共用しているからです。

この排気筒のまわりの鉄筋が破断していることが、事故後に発見されました。それは真直下に引きちぎられた延性破壊の痕（あと）でした。p.49の（写真7）でも、共有排気筒を取り囲む鉄骨が高さ約66m付近の接合部（ガセットプレート）で完全に切断していることが見て取れます。この付近の排気筒内にできた雪の塊によって、排気筒が急速に冷却されて約12,000トンの力によって117mm縮小しました（p.72-注6）。排気筒が周囲の鉄骨を下から引き下げる形となり、鉄骨を切断したのです。

もう一つ重大な証拠があります。（図15）は、排気筒の線量計測結果を示したものです。私が、東京電力が発表したデータをもとに、排気筒中央付近の線量を換算してグラフ化したものです。日本原子

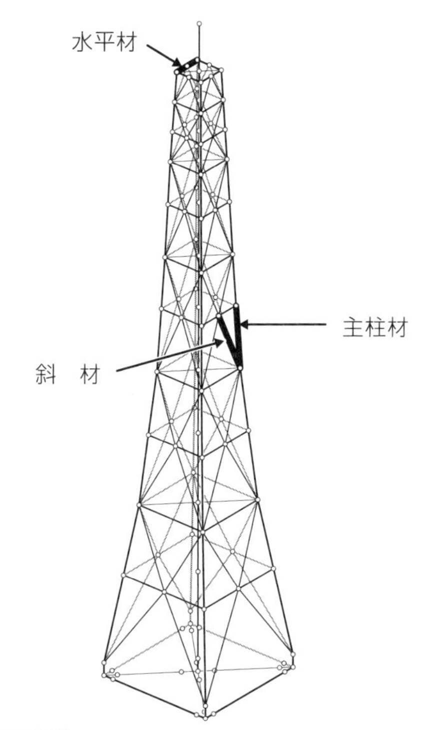

図14　**1 / 2号機共有排気筒モデル図**
（出典：東京電力ホールディングス）

写真7 排気筒鉄骨切断場所
（出典：東京電力ホールディングス）

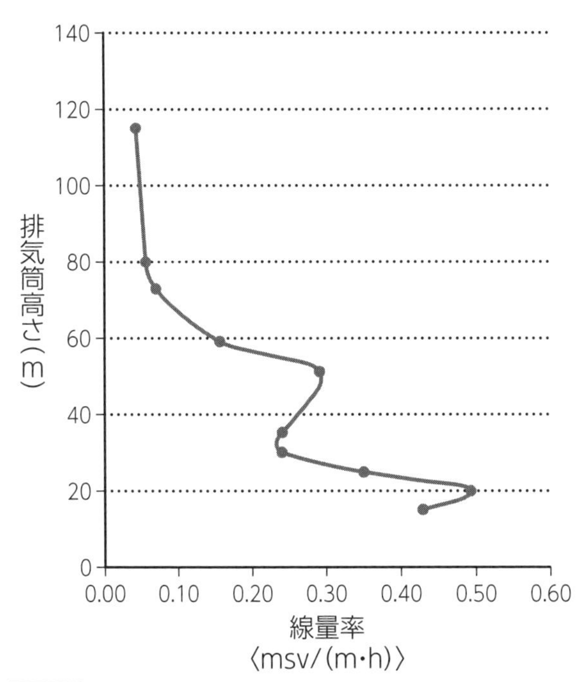

図15 東京電力が計測した排気筒の線量をもとに換算した排気筒中央付近の線量

力学会2020年春の年会で「福島第一発電所事故の原子炉建屋爆発原因考察とその対策（排気筒閉塞が主因と特定）」として報告しました。

このグラフを見てわかることは、排気筒の高さ60mあたりまで高かった線量が、そこを超えたとたんに一気に下がっています。このことからも高さ60m付近で排気筒が詰まり、ベントガスがそれより上にいっていないことが推定できます。

このように排気筒が詰まったため、本来、排気筒の煙突から外部に放出されるはずだった水素を大量に含むベントガスは、行き場を失ってしまいます。それが（図13）のとおり、排気筒につながっていた原子炉建屋の換気ラインに流れていき、逆流して建屋上部に水素を充満させました。それが爆発して、建屋の上部を吹っ飛ばしました。

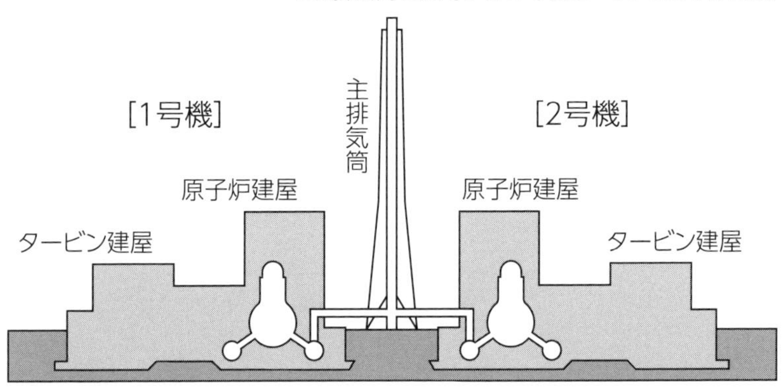

図16　1号機と2号機は排気筒を共用（3号機と4号機も同様の構造）

原子炉格納容器内の圧が高まったときにベントを実施するわけですから、「断熱膨張」による雪の塊によって、排気筒が閉塞することは想定していなければなりません。ここにも東京電力の落ち度があります。ベント機能を備えながら、原子力安全神話のもとに油断して、実際に使用する事態をシミュレーションしていなかったのではないでしょうか。

なお、前述したとおり、２号機は排気筒を１号機と共用しており（図16）、１号機の水素爆発のあとにベントしようにも、すでに閉塞していたためできませんでした。

■３号機と４号機の水素爆発のカラクリ

３号機と４号機も水素爆発しましたが、１号機の水素爆発とは発生のメカニズムが少し異なりますので、触れておきましょう。

３号機のベントの仕方は、１号機とは異なり、一気に排出せずに、バルブを開けたり閉めたりして、チビチビと小出しにして排出しました。東京電力は、１号機を一気にベントしたために排気筒が閉塞したことは認めていません。しかし、吉田昌郎所長を筆頭に現場は知っていたのだと思います。だから、３号機のベントを小出しにしたのでしょう。しかし、それでも雪の塊が生じて排気筒は閉塞しました。むしろ、時間をかけたために、１号機のときよりも大きな雪の塊ができたと思われます。500トンぐらいの塊ができていたのではないでしょうか。また、時間をかけて大量の水素が建屋換気ラインを通して建屋内に逆流したものと思われます。こうして３号機も水素爆発してしまいます。

一方、４号機は事故当時、稼働しておらず、原子炉圧力容器に核燃料は入っていませんでした。メルトダウンを起こして水素を発生させる環境になかったのに、なぜ水素爆発したのでしょうか？　４号機が爆発したのが、午前６時14分ごろでした。ここにヒントがあります。

３号機は爆発後も断続的にベントを行っていました。３号機・４号機も、１号機・２号機と同じように排気筒を共用しており、３号機の建屋換気ラインが破壊されていたため、行き場を失った水素は４号機の建屋換気ラインを通して４号機の建屋に逆流し、充満し始めます。そして、午前６時ごろ、太陽が昇ります。当日は晴天だったので、朝日が閉塞している排気筒を照らし始めます。そこには500トンほどの雪の塊があります。これが温められ、まわりが少し緩んだために、排気筒内を一気に落下しました。吉田所長もその後、４号機が水素爆発する直前に大きな地響きがしたと証言しています。500トンの雪の塊が落ちたときの衝撃だと思います。

ちょうどシリンダーのような排気筒内で、落下する雪の塊がピストンの役割を果たし、内部に滞留していた水素が一気に押し出されました。それがすでに水素が充満していた４号機の建屋内に押し出され、摩擦によって火花が生じ、その火花に引火して爆発したものと私は推測しています。

ここまで紹介してきたとおり、福島第一原子力発電所の１号機に起こった最初の水素爆発は、東京電力の初歩的なミスで、技術力不足が招いたものです。そもそもベントすれば排気筒が雪で閉塞し、水素爆発を招く構造になっていたことは、基本的な設計ミスでもあります。

ですので、排気筒の閉塞は、福島第一原子力発電所固有の問題ではなく、沸騰水型原発に共通する問題です。したがって、今後、再稼働した沸騰水型原発が、なんらかのトラブルや事故により必要に迫られてベントを行おうとすれば、水素爆発は避けられません。

以上のことを原子力発電メーカーも電力会社も政府も認めていません。しかし、不都合な事実を直視しなければ、その後の解決策も防止策も生まれません。政府と東京電力は、耳の痛い話であっても、広く外部の意見やアドバイスを受け入れるべきだと私は強く主張します。

第2章

1号機の倒壊を防ぐ方法

修復が困難なペデスタルの損傷

東京電力は2022年５月に、ペデスタル開口部外側の床で中性子を検出しました。燃料デブリに含まれるプルトニウム240の自発核分裂に起因するものと思われます。コンクリートによるこの部分の補強は中性子束の分布や強度に影響を与えるので、事前に臨界条件を十分に検討しておくことが重要です。ペデスタル損傷部分をコンクリートなどで安易に補強すると、中性子の反射が卓越して臨界に至る可能性を否定できません。

また、2022年11月には高濃度の水素が検出されました。燃料デブリに由来する放射線分解で、現在も水素が発生し続けている可能性が高いものと考えられます。この損傷部分に封じ込められた水素と酸素によって水素爆発が起こるリスクがあります。しがって、燃料デブリで侵食されたペデスタルでは今も発生している中性子と水素に起因する二次災害発生のリスクが高く、ペデスタルの基礎の損傷部分を直接補修することは難しいと考えます。

そもそもペデスタルの基礎の部分は、放射線が致死量に達していますので、人が近づいて作業できません。その点でも直接補修することは現実的ではありません。

原子炉圧力容器の転倒を防止する考え方

ここで、原子炉圧力容器の転倒を防止する考え方と事故後の現状を見ておきましょう。

地震による転倒を防止するには、鉛直荷重、曲げ荷重、水平荷重の３

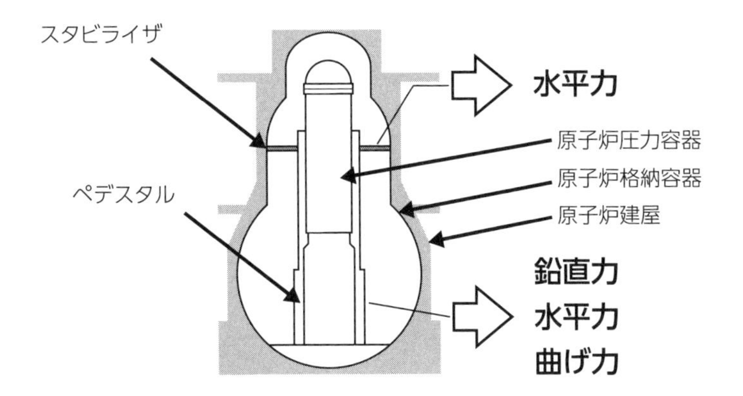

図17　原子炉の耐震モデル

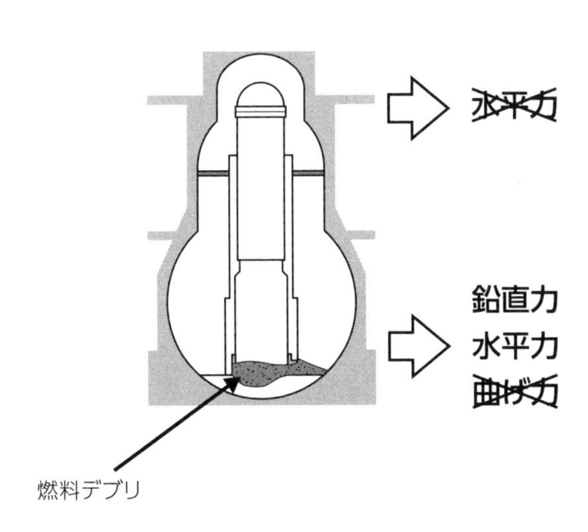

図18　事故後の現状

つの成分に備えなければなりません。

原子炉の耐震構造の基本的考え方は、（図17）のとおり、鉄骨鉄筋コンクリート構造のペデスタルの基礎で、鉛直荷重、曲げ荷重、水平荷重のすべての成分を分担します。さらに、曲げ荷重、水平荷重を抑えるために、原子炉圧力容器の上部にスタビライザが設置されています。

ところが、事故による損傷によって、ペデスタルの基礎は鉛直荷重に対する耐震機能は残したものの、曲げ荷重に対する耐震機能を失い、水平荷重に対しては、かろうじて摩擦力だけでもっている状態となりました。また、原子炉圧力容器は500℃のとき108mm伸びたので、スタビライザは損傷し、水平荷重に対する機能は果たしていないと考えられます（図18）。

転倒を防止するための具体的な工法

原子炉圧力容器の転倒を防止するためには、曲げ荷重と水平荷重に対する耐震機能を取り戻さなければなりません。損傷したペデスタルの基礎を直接補修することは困難ですので、私は（図19）のように、原子炉圧力容器の上部のスタビライザ周辺をコンクリートで固定する方法を考えました。足首を痛めて立てない人を支えるときに、両脇から手を入れて、肩を支えるのと同じ原理です。インナースカートで鉛直荷重を受けるようにし、スタビライザ周辺をコンクリートで固め、原子炉建屋と一体化させて、水平荷重と曲げ荷重を受け持たせるわけです。

スタビライザ周辺の原子炉圧力容器と原子炉建屋との間は100mmの隙間がありますので、ここにもコンクリートを打ちます。この処置によ

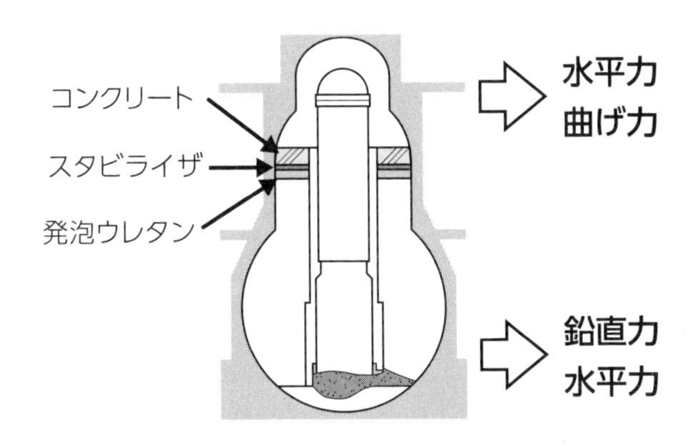

図19　転倒対策後の原子炉耐震モデル

り原子炉圧力容器を転倒させようとする力を原子炉建屋に伝達させ、倒壊防止を図ります。

施工手順案は以下のとおりです。

(1) スタビライザ周囲の原子炉建屋の壁の８方位にウォータージェットで穴を開けます。壁の鉄筋を傷つけず、コンクリートだけに穴が開くように、通常のコアボーリングではなくウォータージェットを採用します。
(2) 原子炉格納容器が脆性破壊しないように200℃の予熱を与えます。
(3) 原子炉建屋側から原子炉格納容器にドリルで穴を開けます。
(4) スタビライザのグレーチング床に向けて発泡ウレタンを打ちます。
(5) ウレタン床の上にコンクリートを打ちます。
(6) 原子炉圧力容器と原子炉建屋の間にも発泡ウレタンを打ちます。

(7) 原子炉圧力容器と原子炉建屋の間に打った発泡ウレタンの上にもコンクリートを打ちます。

補強するスタビライザ外周の放射線量は毎時２ミリシーベルト程度あり、廃炉作業のなかでも線量が高い場所です。しかし、厚さ10cmの鉄板で遮蔽した作業ボックスを用いれば、線量は１/100程度になり毎時0.02ミリシーベルト程度の環境で作業できます。実際、現在、この場所は遮蔽するなどして原子炉圧力容器内を調査する作業基地になっています。

低線量下での作業が可能であり、在来法によって実施できますので、実現性は非常に高いと考えます。

なお、ここに紹介した工法は、特許出願済みです。

転倒防止対策後に耐えうる最大加速度

IRID（国際廃炉研究開発機構）が実施した地震応答解析の結果によると、スタビライザには水平力4,280kN（428トン）のばね反力が働くので、スタビライザに対峙する原子炉建屋側のこの部分は4,280kN以上のせん断耐力を保有しています。スタビライザ周辺をコンクリートで充填すると原子炉圧力容器はこの部分で原子炉建屋側から4,280kN（428トン）以上のせん断力を保有することになります。

一方、鉄筋が破断したペデスタルの基礎は、前述したとおり、最大摩擦力360トンを有しています。原子炉圧力容器上部のスタビライザまわりから得られる最大せん断耐力428トンとペデスタルが持つ最大せん断耐力360トンを合計すると、原子炉圧力容器はおおよそ788トンの最大せん断耐力で躯体側から支持されることになります。

原子炉圧力容器とペデスタル上部を合わせて約900トンの自重が、788トンのせん断力を発生させる水平加速度は概算で858ガル※となります。したがって、本書で提案する転倒防止対策を１号機に対して行えば、最大加速度858ガルまでの地震に対して原子炉圧力容器は転倒しません。震度７の阪神・淡路大震災では、神戸海洋気象台で最大加速度818ガルを記録しましたが、そのクラスでも原子炉圧力容器は転倒しません。

※　788t÷900t×980ガル=858ガル

危機的な状況にも腰を上げない政府

転倒防止対策を取らなければ、震度６強の地震で１号機が倒壊し、大惨事を招く恐れがあります。震度６強の地震はさほど珍しくなく、事態は一刻を争います。

そこで私は、2023年５月６日に、西村康稔経済産業大臣に、福島第一の１号機が倒壊の恐れがあることと、それを防ぐための工法を提言しました。しかし、西村大臣は、それは東京電力の問題だとして、取り合ってくれませんでした。続いて、川田龍平参議院議員が私の指摘を受けて、１号機の倒壊対策について政府に質問しました。それに対して岸田文雄内閣総理大臣は、放射線量が極めて高いために転倒対策工事を行うことができず、倒壊時の被害を最小限に抑える方策について東京電力に検討させている、という答弁にとどまりました。

川田議員は2023年５月10日と同年６月15日の二度、政府に質問主意書を提出。それに対して、岸田首相は５月19日と６月27日の二度、答弁をしており、そのすべての質問主意書と答弁書を本書のp.73以降に掲載していますので、詳しくはそれをご覧ください。

また、2023年８月27日と同年９月21日、私は原子力規制庁に発言の機会をいただきましたが、転倒防止対策が着手される気配は感じられません。

事態は一刻の猶予もありません。本書を通して、多くの方々にこの深刻な事態を共有していただき、声を上げていただきたいと願います。

コラム 2 燃料デブリを取り出す方法

１号機の倒壊を防止し、汚染水を回収できたとしても、福島第一原子力発電所の事故は解決しません。原子炉格納容器とペデスタルの底にたまった放射線量の高い燃料デブリを取り出し、適切に処理できてはじめて解決に至ります。

事故から12年以上経った今でも、燃料デブリは１グラムも取り出せていません。東京電力は現在、細長いロボットアームを原子炉格納容器に差し込んで、燃料デブリを１グラムずつ釣り上げて取り出そうと開発を続けています。しかし、これでは800トンあるといわれている燃料デブリを全部取り出すのに、気の遠くなるような年月がかかり、まったく現実的ではありません。また、装置全体のサイズが大きく重量がありすぎて設置が困難だという課題も残ったままです。しかも、アクセスルートのスリーブに溶融物があるため、アームが通過できないと危惧されています。

そこで私はまったく別の発想で、水中内の燃料デブリを取り出す方法を考案しました。超高圧ポンプを利用して、次ページの（図20）のような円すい形の容器（コーン状の容器）の中でジェット管から高圧水を噴射させ、コンクリートや岩盤内に浸透した燃料デブリを粉砕します。この機械はウォータージェットと呼ばれ、すでにコンクリート破砕工事に実用化されています。

燃料デブリは非常に硬く、同時にプルトニウムを含んでいるために原子核１個でも核分裂しやすく、また臨界もしやすいという厄介な特性を併せ持っています。この厄介な問題に対しては、窒化ホウ素の結晶が同時に解決してくれます。窒化ホウ素は製法によってはダイヤモンドを上回る硬さが得られ、さらに中性子を吸収して臨界を抑える効果があります。ウォータージェットのブラスト材として、この窒化ホウ素の結晶を使います。

粉砕した燃料デブリを吸い取る方法は、コーン上部から吸水します。このときコーン底部には接着面と隙間ができます。この隙間か

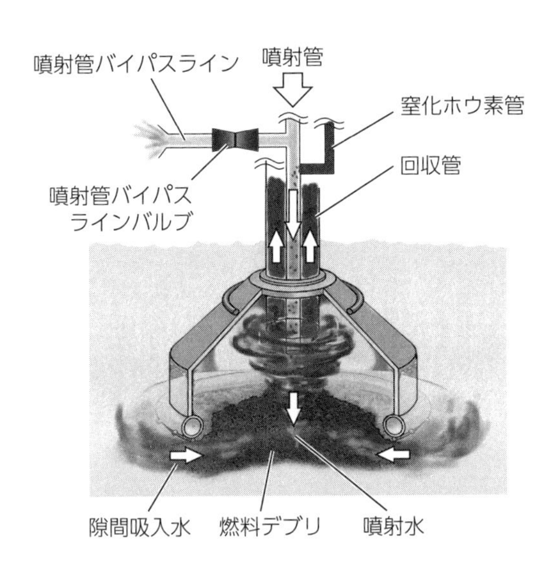

図20 ウォータージェットを採用した粉体回収装置

ら水が出ないようにするために、高圧水の噴射量より吸水量を10倍ほど大幅に増やします。そうすることで、底部の隙間からコーン内に外部の汚染水が流入し、粉砕した燃料デブリが外に漏れることがありません。そればかりか、コーンが接着面に押し付けられて離れません。噴射と吸水は同じ循環ラインを使い、建屋の外と原子炉内を循環します。

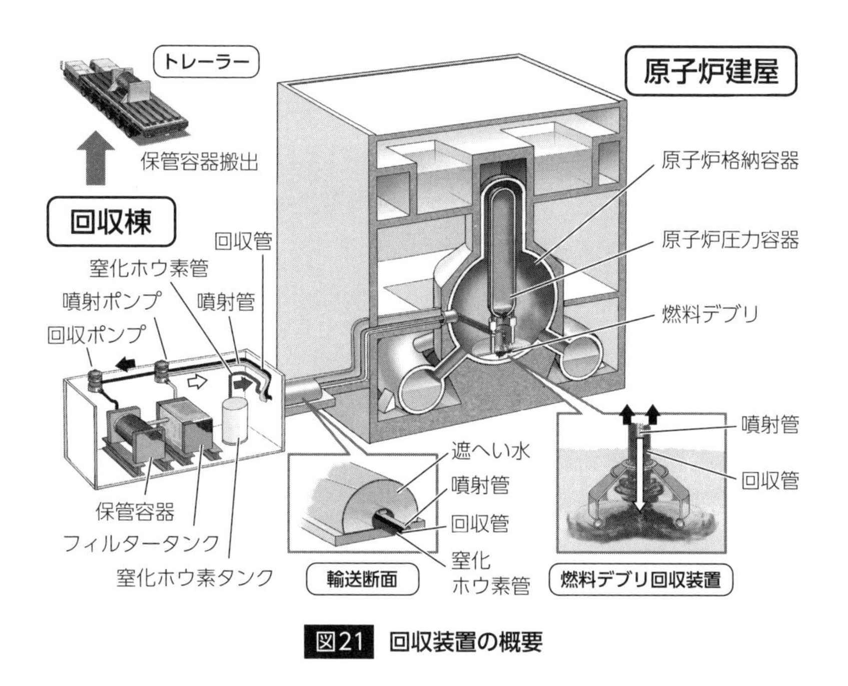

図21 回収装置の概要

建屋の外には回収棟を設けて、循環ラインを通します。(図21)のように、回収棟には格納容器側から順に、窒化ホウ素タンク、フィルタータンク、燃料デブリ保管容器、高圧ポンプを設置します。高圧ポンプがフィルタータンク内の水を吸入し、コーン内の噴射管に高圧水を循環させます。このとき、噴射管手前の枝管から循環水の大半を原子炉外に放出させます。残りが噴射管から高圧水がコーン内で燃料デブリに噴射され、燃料デブリを砕き、粉体状にします。

燃料デブリの粉体は水に混ざり、コーン上部の吸水管に吸い込まれて、回収棟の燃料デブリ保管容器に戻ります。燃料デブリ保管容器の径は吸水管の100倍以上とすることで、水の流速は1/10,000以下になります。燃料デブリの粉体はほとんどが燃料デブリ保管容器内に堆積して回収されます。燃料デブリ保管容器から出た循環水はフィルタータンク内のフィルターに濾され、高圧ポンプに戻ります。以上が大まかな循環ラインの流れです。ウォータージェットの能力から、1時間に1kg以上の回収が可能です。

ラインはもう一つあります。窒化ホウ素添加ラインです。窒化ホウ素添加ラインは原子炉内放出の枝管の後に接続され、必要により噴出水に窒化ホウ素が吸い込まれ、噴射時にはブラスト材と中性子吸収材の機能を果たします。

この燃料デブリ回収装置は穴径400mmあれば通過できるので、溶融物で狭くなったスリーブにも対応できます。

以上、ここに紹介した装置も特許出願済みです。

注釈

注１：インナースカートの膨張寸法と熱荷重の計算

核燃料が溶融したとき、核燃料デブリの温度は1,200℃まで上昇したとされます。この加熱の過程で高さ3.5mのインナースカートが熱伸びしたと推定できます。ただし、1,200℃における熱膨張率などの定数が未定であるため、温度上昇の途中にある500℃における膨張した寸法と熱荷重（熱膨張によって周囲に及ぼす力）を以下に計算いたします。

まず、温度が500℃まで上昇したときの縦方向の膨張寸法は、次のとおり21mmと算出できます。

（高さ）（温度）（熱膨張率）

$$3{,}500\text{mm} \times 500℃ \times 1.2 \times 10^{-5} = 21\text{mm}$$

次に、温度が500℃まで上昇したときの熱荷重は、次ページのとおり76,600トンと算出できます。つまり、原子炉圧力容器とペデスタル上部に対して、76,600トンの持ち上げる力が働きます。

なお、鉄は高温になると柔らかくなってヤング率は減じていきますが、その減じる割合は係数で示されます。この係数は実験で確認されており、500℃のときの係数は0.85です。

（直径）　（厚さ）　（温度）　（熱膨張率）　（ヤング率）　（係数）
3.14×6,200mm×36mm×500℃×1.2×10^{-5}×2.1×10^{5}×0.85
=7.5×10^{5}(kN) (76,600t)

では、持ち上げられる側の被荷重を算出してみましょう。核燃料が溶融する前の原子炉圧力容器とペデスタルの合計重量は、約1,500トン（14.7MN）です。さらに、ペデスタル内壁の縦筋は露出・破断して無効になっているものの、ペデスタル外周部の縦筋とそのまわりの床L型筋は合わせて約300本あり、１本あたりの引張強度は61トンです※。

IRID（国際廃炉研究開発機構）によると、300本のうち４分の３周が有効とされているので（つまり、225本が有効となるので）、ペデスタルの鉄筋の引抜き耐力は約13,700トン（61トン×225本）になります。原子炉圧力容器とペデスタルの合計重量1,500トンと鉄筋耐力13,700トンと合わせて、持ち上げの合計被荷重は15,200トンになります。

もうおわかりだと思いますが、インナースカートが500℃に熱せられたときでも熱荷重は76,600トンですので、合計被荷重15,200トンの５倍にもなり、原子炉圧力容器とペデスタル上部は容易に持ち上げられます。その結果、インナースカートが1,200℃になる過程でペデスタル中の縦筋はすべて破断したものと推定できます。

※この鉄筋は、最大のもので直径35mmの異形鉄筋と呼ばれるD35が使用されており、断面積は956.6mm^2あります。また、材質はSD345で、引張強度は600N/mm^2です。したがって、引張強度は61トンとなります。

注２：インナースカートの耐荷重の計算

SS600の設計応力は240MPaですので、インナースカートの耐荷重は、次のとおり17,000トンと算出できます。

（インナースカートの断面積）（設計応力）（換算係数）

$$3.14\times 6{,}200\text{mm}\times 36\text{mm}\times 240\text{MPa}\times \frac{1\text{t/mm}^2}{9.8\times 1{,}000\text{MPa}}$$

＝約17,000t

注３：原子炉圧力容器を転倒させる転倒加速度の計算

ペデスタルの基礎の、転倒に対する抵抗モーメントと、次ページの（図８）のＡ点まわりのモーメントから転倒加速度αを求めた結果、αは0.35Gとなり、これに980をかけて転倒加速度343ガルとなります。

（合計重量）（水平合計モーメント）

900t×3.7m÷(500t×15m＋400t×5m)×980＝343ガル

（ペデスタル外周の半径）（ガル換算係数）

注４：周辺構造部材の耐力と地震による応力との比較

原子炉圧力容器とペデスタルの合計重量が900トンのとき、加速度300ガルで重心高さ15mから発生する転倒モーメントは、右の計算式のとおり4,133tmとなります。

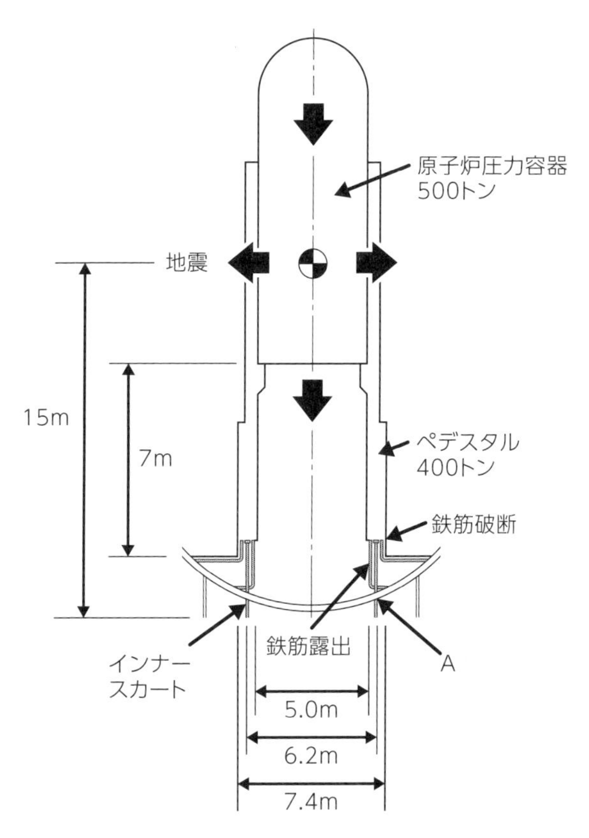

図8　原子炉圧力容器の耐震モデル

（合計重量）　（G/ガル換算係数）

$$900t \times 300\text{ガル} \times \frac{1}{980} \times 15m = 4,133tm$$

（加速度）　（重心の高さ）

この転倒モーメント4,133tmが、断面係数450cm^{3}の300H鋼材（材質はSS400とする）10本にかかる応力を計算すると、以下のとおり、材料の持つ引張強度400MPaをはるかに超える9,000MPaであることがわかります。

$$4,133tm \times 100,000kgcm/tm \div 450cm^3 \div 10$$
$$= \text{約}91,800kg/cm^2 (9,000MPa) > (400MPa)$$

注５：倒壊による衝撃力と建屋の耐力の比較

地震時に原子炉圧力容器が0.3Gの加速度で圧力容器と建屋の隙間に3.8m倒れ込み、原子炉建屋に0.2mめり込んだと仮定すると、衝撃係数は19（3.8m÷0.2m）となります。このとき、上端のスタビライザ付近と下方のインナースカート頂部付近の２点でそれを受け止めたとすると、原子炉圧力容器の上端における衝撃力は次のように計算できます。計算式中の１／２は、衝撃力を２点で半分ずつ受けたことを意味しています。

$$900t \times 0.3(G) \times 1/2 \times 19 = 2,565t \ (25,100kN)$$

一方、IRID（国際廃炉研究開発機構）による地震応答解析で得られた建屋側の耐力は4,280kNです。衝突は１点に集中するため、３分の１周がこの衝突を受け止めたとして、衝突に対する建屋の耐力は1,427kN（4,280kN÷３）しかありません。

注6：排気筒の圧縮寸法と冷熱荷重の計算

排気筒は高さ120m、直径3m、肉厚30mmです。この排気筒の閉塞した中央部となる高さ60mがマイナス163℃になったときの圧縮寸法は、次の計算式で117mmであることがわかります。

（高さ）　（温度）　（熱膨張率）

$$60,000mm \times 163℃ \times 1.2 \times 10^{-5} = 117mm$$

また、このときの冷熱荷重（引っ張る力）は、次の計算式のとおり約12,000トンになります。

（直径）　（厚さ）　（温度）　（熱膨張率）　（ヤング率）

$$3.14 \times 3,000mm \times 30mm \times 163℃ \times 1.2 \times 10^{-5} \times 2.1 \times 10^{5}$$
$$= 1.16 \times 10^{5}(kN)\ (11,845t)$$

参考資料・
国会における質問主意書と首相答弁書

質問第七〇号

福島第一原発一号機ペデスタル損傷による原子炉倒壊の危険に関する質問主意書

右の質問主意書を国会法第七十四条によって提出する。

令和五年五月十日

川田龍平

参議院議長尾辻秀久殿

福島第一原発一号機ペデスタル損傷による原子炉倒壊の危険に関する質問主意書

昨年五月、東日本大震災によって被災した福島第一原子力発電所一号機の原子炉を支えるペデスタルのコンクリートが高温のデブリにより溶融し鉄筋がむき出しになっていることが報道された。さらに、東京電力（以下「東電」という。）が今年三月末にペデスタル内部を調査したところ、全周にわたり下部一メートルほどコンクリートが溶融し鉄筋がむき出しになっていることが明らかになった。東電は、今後数か月かけてペデスタルの耐震性について調べるとしている。原子力プラント設計や耐震構造の専門家である森重晴雄氏は、三百四十三ガル程度の地震で原子炉は倒壊すると昨秋来警告している。仮に原子炉が倒壊したなら、最悪の場合屋上階の燃料プール壁のき裂や配管を通して冷却水が抜け、貯蔵されている使用済燃料二百九十二体（ウラン約五十トン）のジルコニウム火災・溶融、そしてセシウム１３７等の揮発性放射性物質の環境への放出が起こり、福島県の東半分が強制避難地域になる可能性がある。また、二号機の屋上プールには五百八十七体（ウラン約百トン）の使用済燃料が貯蔵されており、ここに近づけなくなると将棋倒し的に巨大破局事故が発生する可能性がある。そのため、長期的に人間や生物の生存を脅かす大惨事が絶対に起きないよう緊急対策を講じる必要があるとの認識から、以下質問する。

一　この問題について政府として各省庁の審議会などにおける具体的な対応状況を示されたい。

二　今年三月末のペデスタル内部の調査では、ほぼ全周にわたり下部一メートルほどコンクリートが溶融し鉄筋がむき出しになっていることが判明した。森重氏が警告する震度五強（二百四十～五百二十ガル）程度の地震により原子炉圧力容器（以下「ＲＰＶ」という。）やペデスタルが倒壊する可能性があると推量されるが、ＲＰＶを上部で支えている二つのＰＣＶ（原子炉格納容器）・ＲＰＶスタビライザはＲＰＶ内燃料のメルトダウン時に破損しているのではないか。その健全性は両スタビライザを固定する遮蔽壁とともに確保されているのか、またその確認はしているのか。

三　電力会社や原子炉メーカーで構成される国際廃炉研究開発機構（ＩＲＩＤ）の二〇一六年度の試算によると、ペデスタルの約四分の一が損傷していても耐震性に問題はないとされると報道されていた。今年三月の調査に立ち会った資源エネルギー庁の木野正登参事官は「原子炉が、すぐさま落ちることはあり得ないが、大きな地震がきたときに多少沈み込む可能性はあるかもしれない」と指摘している。三月の調査はカメラを搭載した水中ロボットを土台内部に進入させ確認したところ内部壁面の下部全周にわたりコンクリートがなくなり、鉄筋がむき出しになっている様子を確認したと報道された。ペデスタルの四分の一どころか二分の一以上の損傷があることが分かった。倒壊の防止を考えなければ大変な被害が予想される状況になっているのではないか。ＲＰＶとペデスタルの固有振動はいくらか。ペデスタルを支える鉄骨は剛性が低下しており、地震波を構成する波の一部分と同期（共振）し倒壊しやすくなっていると考えられる。震度五強以上の地震にも耐え倒壊しないとする根拠があれば示されたい。

四　東電は三月の調査を受けて、数か月かけてペデスタルの耐震性について調べるとしている。しかし、昨年五月には一号機の原子炉を支えるペデスタルのコンクリートが高温のデブリにより溶融し鉄筋がむき出しになっていることを外部から確認していた。事の重大性から見て、その時点からペデスタルの耐震や倒壊について検討し対策を講じるべきではなかったのか、対応が遅すぎるのではないかと考えるが、政府の見解を示されたい。

五　国はなぜ早急な倒壊防止対応を東電に指示してこなかったのか。倒壊の可能性があること自体があってはならない。対策と調査を、同時並行で進めるべきではないか。森重氏はペデスタルにコンクリートを注入して補強するなど、早急な対策が必要だと提言している。監督機関として東電へ早急な対応を求めるべきではないか。政府の見解を示されたい。
六　仮にＲＰＶやペデスタルが倒壊しデブリ上部に落下した場合には、廃炉作業（デブリ取出しなど）が更に困難になるおそれがある。倒壊対策が講じられない場合、近未来に必ず現実になることが想定されるが、政府の見解を示されたい。
七　この問題は国民を守るための危機管理上大問題ではないか。ＲＰＶ・ペデスタルが倒壊するとペデスタルの基盤面のめくれ上がりによる冷却水の喪失、再臨界、高濃度汚染水の発生、また倒壊による壁のひび割れや配管損傷による屋上使用済燃料プール冷却水の喪失、使用済燃料のメルトダウン、揮発性放射性物質（セシウム１３７等）の放出による人々の避難など、将棋倒し的に波及する最悪の事態が想定される。

このような事態にならないよう政府を挙げて、（１）ＲＰＶ・ペデスタルの倒壊防止対策、（２）屋上階プールに貯蔵されている使用済燃料の優先的取出し、（３）地上での乾式貯蔵等を講じるべきであると考えるが、政府の見解を示されたい。

右質問する。

内閣参質二一一第七〇号

令和五年五月十九日

内閣総理大臣　岸田　文雄

参議院議長　尾辻　秀久　殿

参議院議員川田龍平君提出福島第一原発一号機ペデスタル損傷による原子炉倒壊の危険に関する質問に対し、別紙答弁書を送付する。

参議院議員川田龍平君提出福島第一原発一号機ペデスタル損傷による原子炉倒壊の危険に関する質問に対する答弁書

一、四及び五について

お尋ねの「この問題」の具体的に意味するところが必ずしも明らかではないが、東京電力ホールディングス株式会社（以下「東京電力」という。）福島第一原子力発電所（以下「福島第一原発」という。）一号機の原子炉格納容器（以下「格納容器」という。）内のペデスタル（以下「ペデスタル」という。）の状況を踏まえた対応については、ペデスタルの耐震評価の結果にかかわらず、格納容器内は放射線量が高くペデスタルの補強を行うことは困難であると考えられることから、令和四年六月二十日の原子力規制委員会特定原子力施設監視・評価検討会（以下「監視・評価検討会」という。）第百回会合において、東京電力に対して、御指摘のような「ペデスタルにコンクリートを注入して補強するなど」の方策ではなく、ペデスタルの原子炉圧力容器を支持する機能が低下した場合の安全上の方策として、格納容器の損傷が拡大した際に起こり得る環境への影響をできる限り小さくする方策を検討するよう指示している。また、令和五年三月一日に改定した「東京電力福島第一原子力発電所の中期的リスクの低減目標マップ（令和五年三月版）」（令和五年三月一日原子力規制委員会改定）において、「格納容器内部の閉じ込め機能維持方針策定（水素対策含む）」を令和五年度中に達成すべき目標として定めた。その後、同年四月十四日の監視・評価検討会第百七回会合において、同年三月に観察されたペデスタルの状態を踏まえた東京電力による対応の検討状況を聴取したところであり、ペデスタル内部の状況に関する調査の進捗に応じた東京電力の取組に対する継続的な監視及び指導を行ってきている。また、東京電力については、監視・評価検討会第百回会合において指示された事項に関する検討を進めてきており、御指摘のように「対応が遅すぎる」とは考えていない。

二について

御指摘の「ＲＰＶを上部で支えている二つのＰＣＶ（原子炉格納容器）・ＲＰＶスタビライザ」及び「両スタビライザを固定する遮蔽壁」の詳細な状況については、格納容器内の放射線量が高く調査を行うことが困難であることから、東京電力においてこれに関する情報を把握できておらず、政府として、お尋ねの「ＲＰＶを上部で支えている二つのＰＣＶ（原子炉格納容器）・ＲＰＶスタビライザはＲＰＶ内燃料のメルトダウン時に破損しているのではないか」及び「その健全性は両スタビライザを固定する遮蔽壁とともに確保されているのか」について承知していない。

三について

御指摘の「ペデスタルの耐震性」については、御指摘の令和五年三月の調査を踏まえても、ペデスタルの損傷状態の全体が明らかになっておらず、妥当な前提条件を設定して評価を実施することは困難であり、また、評価を実施できたとしても、その結果にかかわらず、格納容器内は放射線量が高くペデスタルの補強を行うことは困難であるとの認識には変わりはないことから、ペデスタルの原子炉圧力容器を支持する機能が低下し、格納容器の損傷が拡大した際に起こり得る環境への影響をできる限り小さくするために、同年四月十四日の監視・評価検討会第百七回会合において、今後、ペデスタルの原子炉圧力容器を支持する機能の喪失の影響についての東京電力による考察及び格納容器内部の閉じ込めの機能を維持するための東京電力の方策を引き続き確認していくこととしている。また、お尋ねの「ＲＰＶとペデスタルの固有振動」については、格納容器内の放射線量が高く詳細な調査を行うことが困難であることから、東京電力においてこれに関する情報を把握できておらず、政府として承知していない。

六について

御指摘の「ＲＰＶやペデスタルが倒壊しデブリ上部に落下した場合」には様々な状況が考えられることから、お尋ねについて一概にお答えすることは困難であるが、いずれにせよ、東京電力において、ペデスタル内部の状況に関する調査の結果を踏まえ、安全かつ着実な福島第一原発の廃炉に向けて必要な対策が検討されていくよう、政府として、継続的な監視及び指導を行っていく考えである。

七について

お尋ねの「ＲＰＶ・ペデスタルの倒壊防止対策」については、一、四及び五についてで述べたとおり、ペデスタルの耐震評価の結果にかかわらず、格納容器内の放射線量が高くペデスタルの補強を行うことは困難であると考えている。また、福島第一原発の各号機の使用済燃料プールに貯蔵されている使用済燃料の取出し及び乾式貯蔵については、現在、東京電力において、福島第一原発における全号機の使用済燃料プールからの使用済燃料の取出しを令和十三年度までに完了することを目指して、乾式貯蔵等が進められているところであると承知している。引き続き、東京電力において、安全かつ着実な福島第一原発の廃炉に向けて必要な対策が検討されていくよう、政府として、継続的な監視及び指導を行っていく考えである。

質問第一一三号

「第十回特定原子力施設の実施計画の審査等に係る技術会合」の配付資料に関する質問主意書

右の質問主意書を国会法第七十四条によって提出する。

令和五年六月十五日

川田龍平

参議院議長尾辻秀久殿

「第十回特定原子力施設の実施計画の審査等に係る技術会合」の配付資料に関する質問主意書

二〇二三年六月五日に開催された「第十回特定原子力施設の実施計画の審査等に係る技術会合」において東京電力が配付した資料では、福島第一原子力発電所一号機のダスト発生シナリオとして、原子炉圧力容器（ＲＰＶ）が倒壊し、原子炉格納容器（ＰＣＶ）に最大百ｍｍの穴が空くとしているが、その過程の詳細が見えてこない。

そこで以下質問する。

一　二〇二三年五月十九日、私が提出した「福島第一原発一号機ペデスタル損傷による原子炉倒壊の危険に関する質問主意書」（第二百十一回国会質問第七〇号）に対する答弁（内閣参質二一一第七〇号）を受領した。これによると、耐震評価の結果にかかわらず、格納容器内は高線量の為に原子炉転倒対策工事が行えないとする旨の答弁があった。原子力プラント設計や耐震構造の専門家である森重晴雄氏は、原子炉の倒壊対策について、「ペデスタルの損傷部分を直接補修することなく、原子炉上部を補強するだけでも対策が出来ます。原子炉上部に振れ止めとしてあるスタビライザ付近の高さ一ｍ前後コンクリートを充填するだけで原子炉は原子炉建屋と一体となり飛躍的に耐震レベルが向上します。しかもその作業は格納容器でなく原子炉建屋側で作業しますので被ばく量を抑えることが出来ます。その作業場所は今も格納容器内調査の現場基地としても使われています。」と述べている。原子炉倒壊は、放射線放出、屋上部使用済燃料プールへの影響、廃炉作業への影響等、場合によっては国家的な危機を招く可能性があり、なんとしても防がなければならないと思料する。早急に具体的倒壊防止策を講じるべきと考えるが、政府の見解を示されたい。

二　福島第一原子力発電所一号機のＲＰＶ倒壊を防ぎ、使用済燃料を取り出し原子力重大事故を未然に防ぐため、様々な分野の専門家による有識者会議を早急に設け真剣に話し合い、国を挙げて対策を講じるべきではないか。政府の見解を示されたい。

三　二〇二三年六月五日に開催された「第十回特定原子力施設の実施計画の審査等に係る技術会合」において東京電力が配付した資料では、ＲＰＶがどの方向に倒壊するか示されていない。私は床が最も損傷している原子炉方位二百二十度と想定している。これは三百九十二体の核燃料が残る使用済燃料プール（ＳＦＰ）側であるが、政府の見解を示されたい。

四　ＰＣＶと原子炉建屋には百ｍｍの隙間がある。ＲＰＶがＰＣＶに当たり、ＰＣＶを突き破り、ＲＰＶが百ｍｍ外側にある原子炉建屋に衝突して、ＲＰＶがその壁表面にとどまるとして、ＰＣＶの穴は百ｍｍにとどまると東京電力は推定している。原子炉建屋はＲＰＶの衝突に対しても耐えられるとする根拠について、政府が把握しているところを数値をもって示されたい。技術研究組合国際廃炉研究開発機構（ＩＲＩＤ）が行った地震応答解析から、ＲＰＶが原子炉建屋に転倒すると原子炉建屋は耐えられないと考えるが、政府の見解を示されたい。

五　福島第一原子力発電所一号機のＰＣＶの材料は「ＡＳＴＡ　Ａ二〇一」及び「Ａ二〇二」である。この材料は建設当時から脆性破壊することが懸念されている。現在はＰＣＶが露天に面し、海風を浴び塩害が進行しており、脆性破壊の可能性が高まっている。ＰＣＶが割れることもあり得るが、脆性破壊に対する政府の検討状況を示されたい。

六　ＰＣＶに空く穴が百ｍｍ以上となるとＰＣＶの閉じ込め機能の見直しが必要であると思うが、東京電力において百ｍｍ以上に開く穴が空く場合の対策について検討されているのか。政府が把握しているところを明らかにされたい。

右質問する。

内閣参質二一一第一一三号

令和五年六月二十七日

内閣総理大臣　岸田　文雄

参議院議長　尾辻　秀久　殿

参議院議員川田龍平君提出「第十回特定原子力施設の実施計画の審査等に係る技術会合」の配付資料に関する質問に対し、別紙答弁書を送付する。

参議院議員川田龍平君提出「第十回特定原子力施設の実施計画の審査等に係る技術会合」の配付資料に関する質問に対する答弁書

一について

御指摘の「原子炉倒壊」には様々な状況が考えられることから、一概にお答えすることは困難であるが、いずれにせよ、先の答弁書（令和五年五月十九日内閣参質二一一第七〇号。以下「前回答弁書」という。）でお答えしたとおり、東京電力ホールディングス株式会社（以下「東京電力」という。）福島第一原子力発電所一号機の原子炉格納容器（以下「格納容器」という。）内は放射線量が高く、さらに、同号機の原子炉建屋内も放射線量が高いため、政府として現時点では、同号機の原子炉圧力容器（以下「圧力容器」という。）を支持する構造物の補強等による御指摘の「倒壊防止策」を「講じる」ことは困難であると考えている。

二について

御指摘の「ＲＰＶ倒壊」及び「原子力重大事故」には様々な状況が考えられることから、一概にお答えすることは困難であるが、いずれにせよ、万一、格納容器内のペデスタル（以下「ペデスタル」という。）の圧力容器を支持する機能が喪失した場合においても、このことによる環境への影響をできる限り小さくするため、御指摘のように「様々な分野の専門家」から構成する原子力規制委員会としては、令和五年五月二十四日に開催された令和五年度第十二回原子力規制委員会において、東京電力に対して実施を求める事項について検討を行い、東京電力に対して、ペデスタルの圧力容器を支持する機能が喪失したという前提の下、圧力容器を含む上部構造物が沈下し格納容器に新たな開口部が生じるという環境への影響の観点から厳しい条件における環境へのダスト飛散による影響評価の実施、環境へのダスト飛散に対して取り得る対策（以下「取り得る対策」という。）の検討及び圧力容器が沈下した場合の構造上の影響に関する評価（以下「構造上の影響評価」という。）の実施を指示したところである。

三について

御指摘の「原子炉方位二百二十度」の意味するところが必ずしも明らかではないが、二についてで述べたとおり、構造上の影響評価を東京電力に指示しているところであり、現時点において、御指摘の「使用済燃料プール（ＳＦＰ）側」であるか否かを含め、原子力規制委員会として、お尋ねの「ＲＰＶがどの方向に倒壊するか」について見解を示すことは困難である。

四について

御指摘の「原子炉建屋はＲＰＶの衝突に対しても耐えられる」及び「地震応答解析」の具体的に意味するところが必ずしも明らかではないが、これまで、東京電力において、御指摘のように「ＲＰＶがＰＣＶに当たり、ＰＣＶを突き破り、ＲＰＶが百ｍｍ外側にある原子炉建屋に衝突」するとの評価は行っておらず、また、技術研究組合国際廃炉研究開発機構において、御指摘のように「ＲＰＶが原子炉建屋に転倒すると原子炉建屋は耐えられない」との評価は行っていないと承知しており、これらの評価が存在することを前提としたお尋ねについてお答えすることは困難である。

五について

前回答弁書でお答えしたとおり、格納容器の内部については、放射線量が高く詳細な調査を行うことが困難であることから、御指摘のＰＣＶが割れることもあり得る」か否かを含め、お尋ねの「脆性破壊に対する」「検討」を行うことは困難であると考えている。

六について

お尋ねの「ＰＣＶに」「穴が空く場合の対策」については、東京電力において、御指摘のような「原子炉圧力容器（ＲＰＶ）が倒壊し、原子炉格納容器（ＰＣＶ）に最大百ｍｍの穴が空く」との想定に基づいて検討されているものではないが、御指摘のような「百ｍｍ以上」の穴が空く場合を含め、取り得る対策の中で検討しているものと承知している。

おわりに

震度6強の地震がくると、福島第一原子力発電所の１号機が倒壊する恐れがあるため、早急に補強しなければなりません。一刻の猶予もないため、私は本書を緊急出版いたしました。しかし、問題はこれだけにとどまりません。たとえば、次のような課題を抱えています。

●現在（2023年夏）、「処理水」の海洋放出が大きな問題となっていますが、それどころか、高濃度の汚染水の漏出のほうがより深刻です。潮汐（潮の満ち引きのこと）の作用によって、くみ上げきれない地下の汚染水が大量に海に漏れ出ているのです。
●この高濃度汚染水に含まれる放射性物質は、素焼き瓦などによって吸着させると同時に、現在行っている水冷を空冷に替えることで、汚染水の発生を抑えることができます。
●原子力規制庁と東京電力は、１号機が倒壊する可能性は極めて低く、万が一、原子炉格納容器が破損しても放射能汚染はさほど大きくないと主張しています。私は、その根拠を読みましたが、「耐震偽装」とも思えるほどの大きな瑕疵があります。本来、このことも見逃せない大きな問題です。
●また、本書の「コラム1」でも少し触れましたが、東京電力は福島第一原子力発電所の事故処理を適切に進めるだけの技術力を有していません。それも無理からぬことで、東京電力は原子力発電施設のユーザーにすぎないからです。福島第一の4基の事故炉を廃炉にするには、原子力発電プラントのメーカーはもちろんのこと、各分野の研究者や有識者の知見を結集しなければなりません。政府や東京電力は、あいかわらず「原子力村」の内輪だけで対処しようとしているようですが、それではいっこうに解決できないのです。

●以上のほか、そもそも原子力は人類の手に負えるのかという大命題があります。

ところが、東京電力、政府、原発メーカーは、福島第一原子力発電所で起こった事故を真正面からとらえようとしません。排気筒の閉塞すら認めようとしません。もちろん、真実に迫れば迫るほど、問題を直視しなければならなくなります。しかし、それは悪いことばかりではありません。

実際、排気筒の閉塞を研究したことで、フロンを必要としない画期的で新しいヒートポンプが生まれました。それを原子力発電のメッカである米国ピッツバーグで開催されたアメリカ機械学会（ASME）で発表したところ、アメリカの査読者から「このヒートポンプは、従来のエアコン、冷凍庫、暖房機などのヒートポンプに置き換わるだろう」と絶賛されました。「大事故のなかに大発明あり」と言えるのではないでしょうか。

さて、本書では１号機の倒壊の危機とその回避方法をまとめました。しかし、私はそれにとどまらず、こうした福島第一原子力発電所を取り巻く深刻な課題を総合的に論じた本をいずれ出版したいと考えています。本書を読んでいただいた皆さんには、ぜひ次の本もお待ちいただければ幸いです。

言うまでもありませんが、私の主張がすべて絶対に正しいとは申しません。本書が、福島第一原子力発電所が多くの方々の関心事となるきっかけになればいいと考えています。

「はじめに」で述べた言葉をここでもう一度、繰り返します。本書を読んで危機感を共有していただいた皆さん、日本の暮らしと国土を守るために、政府や行政、あるいは、与党・野党を問わず、国会議員や地方議員、マスコミなどできるところから、ぜひ働きかけてください。

最後になりましたが、本書の内容は私一人の成果ではなく、研究をともにしてきた、株式会社きたむらの代表取締役、北村康文さんのご尽力によるものでもあります。北村社長のご協力がなければ、本書を出版することはできなかったでしょう。ここに深く感謝の意を表したいと思います。

2023年10月

森重晴雄

著者プロフィール

森重 晴雄（もりしげ はるお）

名古屋大学工学部原子核工学科（プラズマ研究所）で核融合を研究し、1979年3月に卒業。その後、大阪大学工学部土木工学科で溶接工学を学び、1981年3月に卒業。同年4月に、三菱重工に就職し、2004年まで在籍した。

その間、福島第一原子力発電所1号機の耐震研究を行い、原発向け耐震構造を発案。この耐震構造は三菱重工製の原子力発電プラントAPWRや東芝製の原子力発電プラントABWRなどに採用された。1990年～1993年の3年間、伊方原発3号機建設の際には、機器班長として現場で陣頭指揮を執る。1995年以降は、原子炉の炉心交換を提唱。一時期、原子力発電技術機構に出向して炉心交換を研究し、四国電力伊方1/2号機で、世界で初めて致死線量のもと低被曝で炉心交換を実現した。原子核工学と土木工学に精通し、なおかつ原子力発電所の現場のことも熟知している、原子力発電に関する稀有な専門家である。

2004年、三菱重工を退職し、インターネット神戸を設立。再生エネルギーの研究を行っている。それと並行して2014年には、福島第一原子力発電所の事故処理が遅々として進まないのをみて、福島事故対策検討会を設立。「原子力発電に関わってきた者として、生きているうちに廃炉の道筋をつけたい」という思いで、福島第一原子力発電所の4基の事故機の実態研究と対策立案に尽力している。

右が著者の森重晴雄
（2023年9月21日原子力規制庁との意見交換会前に参議院議員会館前で撮影）

著者からの２つのお願い

≪複製、引用ご希望の方へ≫

本書の一部、あるいは全部を無断で複写・複製・転載・放映・データ配信することはもとより、無断引用についてもご遠慮ください。複製、引用などをご希望の方は、必ず下記発行者にご連絡の上、著者の承諾を求めてください。この二次著作物も同様です。また、口述権は著者にあります。

≪講演ご依頼の方へ≫

著者は原則として講演依頼をお引き受けいたしますので、ご依頼される方は下記発行者にご連絡ください。

差し迫る、福島原発1号機の倒壊と日本滅亡

2023年12月1日　初版第1刷発行

著　者　森重 晴雄
発行者　岩本 恵三
発行所　株式会社せせらぎ出版
https://www.seseragi-s.com
〒530-0043
大阪市北区天満1-6-8
六甲天満ビル10階
TEL. 06-6357-6916　FAX. 06-6357-9279

印刷・製本　モリモト印刷株式会社

ISBN 978-4-88416-304-4 C0053

本書の一部、あるいは全部を無断で複写・複製・転載・放映・データ配信することは、
法律で認められた場合をのぞき、著作権の侵害となります。
©2023 Haruo Morishige, Printed in Japan